大商的味道

BIG IN BUSINESS

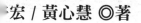

宏 / 黃心慧 ◎著

大商的味道，
究竟是什麼味道？

大商的味道就是為利益人類世界，展現大愛精神的
天使之愛，天使以其無私心念凝結孕育一種感動人
心的能量，甚至犧牲自己在所不惜。此味源遠流長，
從外太空直達地心。

每個天使所呈現的風格不同，氣味不同，方式不同，
然而為人間盡心力，為世界更美麗而努力，卻是天
使們共同的目的。

這些天使幻化為人形、深入人群，他們沒有共同的
軀體，卻有共振的靈魂，我們不知如何稱之，故以
「大商」命名之。

書中自有黃金屋，
台灣精神勵中書。

吳中書 院長

現任　中華經濟研究院 院長
　　　中央研究院經濟研究所兼任研究員
　　　國立台灣大學經濟學系兼任教授
　　　台灣經濟學會 理事長
　　　中華財經策略協會 理事長

　　中華經濟研究院已三十週年了，多年來一直是政府決策的重要幕僚，但中經院不光是附和政府的委託，而是因應世界局勢，主動提出適合的建議。在中書有幸擔綱院長之際，綠色概念的經濟發展越發覺得重要，因此綠色與金融產業將是中經院研究的兩大優先項目。

　　在台灣亞太規畫協會祕書長劉邦寧先生的引薦下，中書認識了本書的兩位作者，在深入研究了本書的每一個章節之後，中書也感受到了台灣商業命脈的生命力。

本書與中書過去研究的重點不同，是更深入街頭巷尾的台灣故事，縱觀台灣的經濟發展史，每一個偉大的發生不都是從微不足道的細節開始嗎？

　　中書過去深入研究貨幣經濟、國際金融、經濟預測都是從大局勢來看，而本書的每一個感人的故事正注入著台灣每一個角落的爆發力。

　　綠色產業是全球暖化後的必然趨勢，而台灣也有越來越多的企業家願意投注在這一個方向，這是令人欣喜的希望，中文版作者許宏所發揚的宏願，以打造 MIT 為榮就是台灣製造業值得延燒的精神。

　　各種產業的國際發展，語言是最基本的工具，然而台灣年輕學子甚至產業界若忘了把國際語言置入成為自己的基本能力，那麼國際化的胸懷世界就只是一句口號。英文版的作者黃心慧立志運用語言之優勢，以文化魅力，擁有天下人心。如此之雄心壯志，因此誕生了這本以台灣精神為主體的英文激勵型的實務工具書。

　　在本書中，我們可以不斷看到台灣人的創造力與堅忍不拔的精神，即使在不利於己的環境中，依然不放棄翻轉的機會。如同作者許宏所寫的歌曲擁抱，我們看到了台灣人奮鬥的韌性，用生命燃燒的熱情，這是多麼令人感動的激昂。

中書一直深入研究與掌握的都是理性中的理性，因為經濟這詞完全找不到感性的一面。然而本書卻讓中書開始思考經濟中感性的元素。

貨幣是一種交易工具，是儲藏價值與記帳的工具。而本書所融入的精神與方法便是促使交易成交的催化劑。

本書讓台灣被看見的渴望，無疑也是對這片土地的熱愛，在大商的格局中建構了台灣商人在國際的信用，這又是台灣在國際金融中的定香劑。

經濟的預測當然必須有準確的調查統計資料，以及經濟信息為依據，以科學的方法研究分析。在本書高潮迭起的感動中，中書只能大膽預測，倘若本書能在台灣與全世界各地大賣，那麼台灣的經濟將有一波奇蹟式的大躍進。

身為國家重要的專業人員，中書勢必謹言慎行。同樣身為台灣的熱血青年，中書熱情推薦這本充滿台灣感動的好書，誠盼每一位台灣人都能細品之。

書中自有黃金屋，台灣精神勵中書。

吳中書　2015/5/4

再度點燃台灣競爭力

林建甫 院長

現任　台灣經濟研究院院長
　　　國立台灣大學經濟系教授

　　在經濟學的領域奮鬥多年來，經濟發展的實務教育一直是我努力的方向，而台灣競爭力更是我永遠不滅的熱情。

　　企業的命脈在人才，台灣的精神在百姓。因此若要台灣擁有競爭力，兩千三百萬台灣人都有責任。

　　生產、製造、品管、企劃、行銷、語言、貿易、管理在經營的層面上都是缺一不可的環節。然而，我們必須務實地知道我們應該努力的究竟是哪個方向，才能夠達到事半功倍的效果。

　　經濟不是喊出來的，不是設定了目標就能夠達成，而是必須有系統的整合運作。

　　經濟沒有天上掉下來的禮物，因為經濟不是買股票期待

漲停，也不是買樂透期待頭獎，而是一步一腳印累積的戰鬥力。

這是一個充滿驚喜的世界，驚喜的理由就是萬事萬物不是依照固定的軌跡在走，而是隨時都可能有新鮮事。因此災難與幸運就是生命中偶爾會遇見的新鮮事，而經濟也是如此。

我們無法夢想突然在花蓮沿海發現蘊藏豐富的油田，我們無法奢望在已經沉寂的金瓜石山脈深層再度發現輕易開採的金脈，我們更無法一覺醒來發現台灣的土地四處結滿了鑽石。因為這都不是新鮮事，而是夢中才會發生的事。

然而，看完了這本書，我發現了新鮮事，因為本書的每一個故事都充滿了啟發，都蠢動著台灣過去忽略的「可能」，而這每個產業的「可能」都是引爆奇蹟的「易燃物」，只要到達「閃點」，輕輕一個熱情的磨擦就會產生炫麗的火花。

行銷是經濟的「助燃劑」，文創是經濟美麗包裝的外衣，沒看這本書還真不知台灣在中小企業裡還窖藏著如此香醇的希望純釀。

兩位作者合力創造的雙語書籍，竟然只是為了凝聚台灣正向商業的能量，讓台灣被世界看見。這與背著國旗在國際賽事領金牌的運動選手有著異曲同工之妙，然而因為紙

本與電子書籍的同步發行,透過網路的無遠弗屆更是難以預測其驚人的影響力。

團隊式的口碑行銷似乎更是台灣中小企業可以整合運作的一種成功複製模式,這是行銷史上尚未被發揚光大的新機制。若由政府主導此一運作模式,政府付出的心力將更能引發民間產業界的共同收穫,台灣的競爭力也將瞬間倍增,因為此刻台灣的經濟鏈就如同一個大團隊,超大的企業集團。

寫到這裡,本人是感動的,是激動的。情不自禁給予作者熱烈掌聲,也給台灣的商業界深深的期許,盼望人人皆大商,團結合作為台灣。

這是一本好書!再度點燃台灣競爭力的一本好書!

林建甫 2015/5/4

十年磨一劍

游國謙 教授

現任　劍湖山世界休閒產業集團副董事長
　　　國立臺中教育大學永續觀光暨遊憩管理研究所講座教授
　　　南華大學管理學院旅遊事業管理研究所兼任教授
經歷　台灣電視公司資深節目企劃編導製作人
　　　正聲廣播公司全省廣播網節目部經理
　　　國立高雄餐旅大學旅遊管理研究所兼任教授
　　　國立嘉義大學管理學院碩士在職專班兼任教授
殊榮　榮獲 2000 年第 18 屆國家傑出總經理獎

　　我很習慣每閱讀一本新書，同時也在研讀作者筆耕的心路歷程，與其見解的高度、深度、廣度、器度、熱度和態度。因此，推薦這本書，容我先推薦作者這個人。

　　本書作者的父親是一位知名的命理學家，是我交往半個多世紀的摯友，我們曾經一起走過好長好長半工半讀的艱苦歲月，因為我較年長，因此，我特別關心他，尤其關心他的夫人和三個兒女的生涯、學涯和職涯，還好他們都具

有乃父阿甘的傻勁，和乃母阿信的精神。一家子攜手同心、苦讀、苦行、苦幹、實幹，終能苦盡甘來，從什麼都沒有，到今天應有盡有。

作者許宏是長子，從小我就一眼看出他具有駿馬的本質，他天賦異稟、智力超強，在他就讀淡江大學研究所時，我更發現他具有日本作家山本真司筆下，「成功年輕人必備的四項基本功」，包括「努力的能力」「學習的能力」「接受的能力」，尤其是常人所不能及的挑戰「極限的能力」。當時他很嚮往我最初的選擇，以「創意、創作、創新、創造、創能、創業」作為我一生堅持的終身志業，一生勇於超越僵固的思惟，為自己找出無可取代的特色。當年我忘了告訴他，幹這一行表面風光、暗地滄桑。

「燕雀焉知鴻鵠之志。」我最能瞭解他，早料到是一個忍不住的春天，一直急於從困苦中走出來。果然等不及研究所的畢業典禮，就跨入了社會第一回合的人生賽局，一心只想贏得第一桶金。於是，他開始日以繼夜過著把一天當成兩天用的鐵人生活。單槍匹馬、全憑實力自薦，舉凡創新研發、活動設計、品牌行銷、企劃推廣等等，一個專案接著一個專案，同時還要寫作、出書、演講，一場接著一場。積極就是他自己的「伯樂」，熱情就是他自己的「貴人」。眼看他日漸從琢磨中亮起來了！然而有誰知道幹創意這個行業，要成就大器，都必須忍受多少次「跌倒、再

11

起、失敗、重來」的殘酷歷練，作者應該也不例外。

我非常敬佩這位傑出的晚輩。「十年磨一劍」，過去的十年來，只憑他的一個信念——「帶著一個腦袋、一個嘴巴、一雙手、一雙腿，就沒有什麼事是他做不到的。」他從不放過任何機會，創造個人的品牌價值。「這本創作是他十年磨出來的一把劍嗎？」不是！這只是他其中的一套「劍招」與「心法」。但是我們可以尋著這部創作的軌跡，找出作者擁有什麼樣的心靈，就會選擇什麼樣的人生，實現什麼樣的生命價值。一如我過去曾也經從他創作的四部「一瞬間」系列作品中，賞析過他的專業智能和人文素養與人格特質和品味風格。

在創意專業領域裡，要有一席之地，至少十年才能磨練出像作者一樣兩套劍招與心法的經濟產值與價值。

一是善用無窮無盡的創意，像創業家發明出「從零到一」化無為有的專業 Know－how，創造無可取代的獨占價值。

二是以整合無邊無際的創新，像企業家發展出「從一到100」化小為大的跨域擴大連結，成就相加大於總和、甚至乘數效應。

從這兩個觀點，不難評價出作者與本書應有的獨特內涵。本書以 42 位台灣商場菁英感人的血淚故事，再加上 40 餘篇具有知性、感性與人性化商場實戰心得經驗的專業智慧

小品合輯成冊。內容博學而多聞、繽紛而多彩。而在特色方面，則在作者能以創意人具有的「鳥瞰」觀察天下的視野廣度；和「蟲視」審視細微間隙的專注深度；能以王道文化詮釋「世俗眾說」無根無底名嘴式的議題，又能以布新的智慧與除舊的觀點，排除不公不義的官僚陋習與世襲障礙。

最令人激賞的還是作者能從筆耕中內省自己，尋求內在自我的樸實真理與公平正義，一方面透過情感的傳遞、潛移默化出生命永恆的真諦；另方面更強烈的反射出「人之所以為人」應有的倫理道德。

總之，本書篇篇嚴謹而不失生動，雅致而不失想像，勵志而不失風骨。特別值得您將本書送給您身邊眼光短視，思想懈怠的親友，能振聾發聵是一件善事！把這本書送給自己，做為床頭的一本好書，每晚睡前輕鬆一兩篇、洗滌心靈，提升智慧更是好事，如果能推廣到人手一冊留傳千古、更是善舉。讓人人共享並發揚本書尋求的「正義和真理」是人生永遠的指路星辰。

值得我們多按幾個讚！

游國謙　2015/5/16

大商的味道真香

熊秉元 教授

現任　台灣大學經濟系教授
　　　浙江大學永謙講座教授
　　　香港城市大學客座教授
　　　西安交通大學兼職教授
　　　河南師範大學兼職教授

　　多少日子以來，我都內觀外省。全身漫步的經濟學細胞讓我從內以經濟學的角度看世界，從外以各種面向看經濟。這樣的思維模式讓我總有一種超然的視覺廣度與深度。

　　看球賽時，如果有人突然為了看得更清楚而站了起來，那麼勢必會造成後座者的困擾與不滿，當然此刻就會產生連鎖效應使一堆人站起來。當大家都站著時，其實視野與原本坐著的狀態並無差異。這是很奇特的現象，卻是人性的必然。

　　我曾經以體操老師來比擬我的工作。是的，我是在教頭

腦體操的經濟學老師。我常覺得腦袋不動比身體不動更加糟糕，因此頭腦體操是我對自己與學生同步要求的每天之保健行為。

每個人心中都有一把尺，刻度不同，長短也不同，量測的方向與角度更是不同，然而這更證實了思維模式的不同將會產生不一樣的結果。

從本書，我們不難看出作者細膩達觀的思緒，深入淺出的精神導引，讓商業從人性的良善面出發，讓成就從團隊合作中加大。作者集結了台灣 42 位各個產業的菁英，描述其心路歷程與創業精神，並且讓產業的連結產生無限的創意，令人震撼。

在全世界很多經濟學家正以口誅筆伐的鋒刃批評著政府的策略失敗、抱怨著社會的亂象時，作者卻以自省的方式檢討企業內在，以團隊再整合的模式創造新的價值與新的希望。這是企業界與百姓們都值得效法的精神。

過去，我也研讀兵法，也探究商道，因為這都是影響經濟層面的變數因子。然而本書的大商兵法篇卻更讓我如沐春風，靈感泉湧。

因為這個兵法不是一般的兵法，而是百年難得一見的經商心法。練就了此心法再運用其團隊式的口碑行銷，從上到下，從內到外，串聯並聯的產業合作，必將創造另一波

的經濟傳奇效應。

在哀鴻遍野、四處唱衰的經濟時代，我們確實需要如此正面的能量與思維，因為經濟是人類創造的，*趨勢與希望*也是被凝聚而形成的潮流。套句流行語：「沒有不景氣，只有不爭氣。」本書的大商們每一個都很爭氣，並且在創造他們人生璀璨的景氣。不單獨善其身，更是兼善天下。在奮力一搏的當下，不忘自己生養滋潤的源頭，在這本書裡真正找到了愛台灣的魂魄。

我感動，我分享，我支持，我推薦！

本書是一盞明燈，不只是經濟突破的燈塔，更是引領人生前進的探照燈，千年暗室一燈即明！

我要說，台灣有你們真好！希望全世界每一個角落都能有大商格局與智慧的芬芳。

大商的味道！香！真香！我喜歡！

熊秉元 2015/5/11

成功者的靈魂

陳幹男 教授

現任　淡江大學化學工程與材料工程學系 教授

經歷　淡江大學學術副校長

　　　淡江大學理學院院長

　　　淡江大學化學系所主任

　　　淡江大學研究發展處研發長

　　　淡江大學化學系教授

又是感動的時刻，我的得意門生又再度出版新書了，而這次許宏所創作的又是全新的風格，最重要的是，這次出版的是全球發行的雙語書。

過去在化學、材料的領域中我與學生們發表了很多著作在國外的專業期刊上，當然一律是英文的，因為英文至今依舊是全世界最通用的專業語言。因此，許宏這本書與黃心慧共同合作創作發行，又集結了 42 位企業家的共襄盛舉，再一次驗證了他們的遠見。

過去我總喜歡說許宏不務正業，因為他在化學與材料的根基上相當渾厚，卻沒有在研究的道路上發展，而是在商業上打拚。當然以其文筆與口才，埋沒在工業界確實可惜，因此我也樂觀其成。從補教老師、藥廠訓練師、企業顧問軍師、企業總經理、執行長，每見一次面，許宏總給我一次又一次的驚喜。因為得天下之英才以育之，正是全世界為師者共同的渴望。

　　許宏後來創業了，從進口經營品牌到現在設立化妝品工廠、精油工廠、打造 MIT 的榮耀，這是許宏開始回歸了本業，因為此刻的許宏已經融會貫通將世界趨勢與市場需求回歸研發的創造力，再加上他文創上的素養，與對台灣熱愛的細緻度，身為老師的我豈有不欣喜若狂的道理。

　　許宏過去總在實驗室裡接受著實驗過程中各種物理與化學變化的磨練與洗禮，並且靈活地將實驗數據與產業價值巧妙結合，而今他將天然精油的調配與成就美麗的美容保養品做為他的終身職志，這也是他真正學以致用的整合。

　　從本書中不難看出許宏的整合力，能將每一位大商的故事寫得如此動人，想必連故事的主角都非常感動。最令人感動的應該是許宏並沒有忘記自己是台灣人，在國外發展之後仍舊心繫台灣，希望能為台灣盡心盡力。倘若所有台灣人都有如此的心念與行動，台灣將會是世界上最令人敬佩的國度。

對自己學生的吹捧似乎顯得老王賣瓜，但我不得不讚許這本書的精采與實用價值。

如果學習只是為了餬口，那麼就少了動力。

如果文憑只是為了唬人，那麼很快就會被戳破。

這本書將告訴你學習與文憑究竟是為了什麼。

學術與產業的連結一直是我沒有斷過的延伸，因為研究為了發展，發展必須研究，兩者永不可分。

不論是學術界、產業界，本書都是非常值得團隊每一個成員逐字鑽研的教戰寶典。

Work hard and work smart ！是我說的名言！

許宏以生命在落實！我感動！我推薦這本全世界最有能量的書，因為這本書裡找到了元素週期表裡看不到的元素「成功者的靈魂」。

陳幹男 2015/5/4

格局與態度

蕭柏勳 副教授

經歷　劍湖山世界休閒產業集團總經理（1987~2009 共 22 年）
　　　國立雲林科技大學 企業管理博士
　　　國立台灣體育運動大學 副教授

　　恭喜台灣製造（MIT）的 H2 許宏在成就一瞬間、美容一瞬間、行銷一瞬間、領導一瞬間四本書之後，持續散發最專業精油芳香大師的魅力，出版「大商的味道」。本書要與讀者分享近 10 年來許宏先生擔綱企業軍師、總顧問、總經理及創新創業的實戰體驗；堅持執著真善美的信念，落實企業公民的責任，慈悲為懷虛心受善，散播健康快樂。

　　值此體驗經濟時代，大商的味道，許宏的觀點掌握到顧客真正渴望的「真實性」，已經取代品質成為消費者購買產品的主要標準，更重要的是許宏和他的團隊所經營的精油事業，展現天然素材的真實性，回歸最重要的「生活型態」，創造自我的生活風格與生活主張，是體驗真實的創造者，是生活美學管家。

許宏先生更能洞察（insight）市場機先，且謙虛的不斷向市場學習，不但滿足消費需求，更創新消費需求，以慈悲感恩成就大商的味道。

　　用生命寫下的 42 首詩篇，是大商的味道集結台灣 42 位大商的故事，描述每一位大商奮鬥歷程與正向能量，讓我們看到大商們的格局及面對生命考驗的態度，激勵我們還有什麼放棄自己的理由！

　　許宏因為大其心，故能容天下物，虛其心，故能受天下善；當心無所住而生其心，大商的味道自然芳香，值得細細品味。

蕭柏勳　2015/5/16

光耀台灣，商道先闢

歐陽龍 台北市議員

人生如戲，戲如人生。

曾經身為演員的我深深感受，人生不論扮演什麼角色，都必須演什麼像什麼。如何做到如此的境界呢？唯獨自己的生命去詮釋方能達成此一目標。

深深感謝選民們對我的肯定與支持，歐陽龍方能繼續連任。選民就像觀眾，如果我的展現不符合期待，那麼檔期未屆就會被轟下台了，更不用奢望未來。因此，從事民意代表的每一天，我無不戰戰兢兢。

與兩位作者深聊之後，看完本書，我非常感動。台灣若無政黨間之包袱與成見，執政者專注執行政務，民意代表為民發聲，督導每一個執行的細節，分工之下團結一致，台灣何患不強？

小不代表弱，弱不代無，無不代表不能再有。

我們若能精實團結，小而美、美而強，失去的輝煌也能

再造燦爛。台灣已不再能夠以悲情凝聚力量，台灣也不再能夠自我感覺良好，台灣更不能故步自封而與國際脫軌。

這本書是台灣第一本以中文書，同步翻譯著作英文書發行全世界的書。雙語雙版同步全球，歐陽龍能為此書寫序備感榮耀，因為作者說歐陽龍在他們的心目中不是政治人物，而是認真負責履行承諾的台灣朋友，只是恰巧現在扮演的是台北市議員。

台灣是個多美好的土地，百姓是多麼善良的人群，然而在二十一世紀以來，我們似乎少了團隊戰鬥力的凝聚，而是互相的削弱與詆毀。

政治是安定與繁榮的根基，商務是興盛豐富的火種，台灣大商的故事比比皆是，而不是僅有媒體不斷爆料的黑心簾幕。台灣需要作者如此激勵的文字，台灣需要本書如此鼓舞的故事，42 位大商並非檯面上的公眾人物，卻一步一腳印為自己的人生在負責，為台灣的未來在奮鬥。

這樣的情操對一個國家而言就是偉大，稱之為大商當之無愧。作者將商人分**大商、小商、非商、奸商**。歐陽龍看政治人物也分**大政、小政、非政、奸政**。

奸政俗稱政客，眾人皆知；非政空有理念、不食煙火、難成大局；小政只顧選票、期待連任；大政必須顧及百姓之利益還有國家社會之意義。與作者大商的定義不謀而合。

歐陽龍期許自己在扮演小市民的同時，也能以大政為目標，盼能為國家人民盡己棉薄之力。在此感性與理性兼具地推薦這本書。

　　開卷有益，本書尤之；

　　為民謀利，大政自許；

　　光耀台灣，商道先闢。

歐陽龍 2015/5/10

作者序

這篇序由 H5 兩位作者(H2+H3)共同撰寫,以最感恩的心感謝這一切的發生。

許宏(Hsu, Hung)簡稱 H2,黃心慧(Hsing Hui Huang)簡稱 H3。H2+H3=H5,這樣的組合堪稱 Number 1 (N1),故曰 H5N1。我們不是流感病毒,卻希望本書的正能量能如 H5N1 般影響深遠與迅速,並且令人難以忘懷。

本書的誕生是一種天意般的巧合,卻是一種因果循環的必然,讓兩個認真的生命超然結合,無限感恩。

感恩天地寰宇的安排,讓我們深知本書使命的重要。我們感恩 42 位大商的共同參與,確認了如此的發生並非偶然。我們感恩七位偉大推薦者的美言肯定與鼓勵,更加振奮了我們激昂的初衷。

歷經半年的寫作過程,點滴在心頭,我們當然也遇到了各種阻力與干擾,因為這是完成大事前的必經考驗,更顯奮鬥之路的可貴。一篇篇的故事在淚水中揮灑,一篇篇的兵法在汗水中堆積,這一本卻實是血淚交融的精心作品。

組織的訓練絕不能只是大拜拜般的照本宣科,而本書就

是各種組織訓練可以奉為寶藏的訓練典籍。

組織行銷的根本精神在本書，社團運作的巧妙機制也在本書，商務合作平台的細膩方法一覽無遺，領導統御的軍師真言完整陳述。

因此，**這是一本教戰手冊，是一本商用兵法書，是商業組織裡務必人手一冊的心血結晶。**

42 位大商的故事令人驚豔，更是凝聚了大商們的專業分工與精密合作，這不是報章雜誌的廣告，而是真實歷史的呈現，而這些被記錄的人物此刻依舊在為台灣而努力，認真地活著。

因此，**這是一本激勵書，是年輕學子奮發向上的典範，是勇於挑戰者的精闢參考，更是徬徨無助者的心靈激湯，人生豈有不成功的理由。**

在台灣，**以中文、英文雙語雙冊同步發行全球的第一本書就是這本大商的味道。**這是一種台灣式的感動，讓全世界的人都看到台灣人的精神與精采。

書中的團隊式口碑行銷若落實在企業，企業內就不再內耗，而產生最大產值。若深耕在國家，國家的競爭力就不再是弱勢，而是遍地開花。

我們以身為台灣人為榮，期盼台灣也能因我們的奮鬥成

果感到一絲絲欣慰。

　最後，我們把此書獻給台灣這塊土地，以及所有與台灣共生共榮的台灣人。

　台灣我愛你！因為，我來自台灣！

　　　　　　　　許宏、黃心慧 2015/5/16

上篇 大商兵法篇

第一章 征服天下 軍師獻策

第二章 兵強馬壯 萬眾一心

第三章 合縱連橫 領袖魅力

第四章 創造歷史 豐盛富裕

下篇 大商實戰篇

第五章 用生命寫下的 42 章經

大商兵法篇

本篇分成四大步驟，42 個單元。

四大步驟
1. 征服天下 軍師獻策
2. 兵強馬壯 萬眾一心
3. 合縱連橫 領袖魅力
4. 創造歷史 豐盛富裕

所有的文字內容都是作者親身體證的精神與方法，在此瞬息萬變的超時代，運用大自然的思維，組織團隊的合作的新方式，巨細靡遺的心念與方法，親證每一個關鍵步驟的訣竅，持續體務成就的美好。

第一章

征服天下 軍師獻策

擁抱

詞曲：許宏 2015/01/07

擁抱自己的魂魄　才知道心靈的感受
原來早已忘了困惑
那是一種蒼涼　古老的枷鎖
囚禁千年　欲掙脫

黑夜裡找不到陽光
虛空中找不到希望

所以我勇敢大步向前
燃燒著生命　努力被發現
不放棄一絲翻轉的機會
浮出陳封的水面

所以我猛然振翅飛舞
滾燙著熱情　努力被看見
蒸發一縷輕煙
隨風擴散　全世界

天道

天道酬勤、地道酬善、人道酬誠、商道酬信、業道酬精。所有的一切皆有其道。

世界上的大宗教，來自華人的系統就是道教，此道即為人間修練之道。尊黃帝、老子之思想，由張道陵創立，吾人稱之為張天師。

天行健，君子以自強不息；地勢坤，君子以厚德載物。

漢高祖劉邦與項羽的楚漢爭霸經典歷程流傳千古，讓人最為印象深刻的就是輔助拓展版圖的三名關鍵開國功臣，張良、蕭何、韓信。然而，功成身退經常是大時代後的必然智慧，卻只有一智者能全然而退，此人便是最有智慧的張良。

張天師是張良第八代子孫張道陵，創立道教之後致力於傳承推廣，以期能使眾生們知悉六道之苦、修練之重要。

然而，經歷了時代的變遷，戰亂與革命的動盪，很多的精髓卻已消失，只剩鳳毛麟角的片段散布，看在張天師眼中，此乃可惜之至。

八世尊太祖——張良退隱之後修道升天，授意張天師找宋文智（同門稱大師兄），指示大師兄到三峽一處必有所獲，

大師兄看到了一尊寬約五尺，身長六十尺的巨型青龍，在眼前示意飛翔，大師兄震撼，以此場景引迷入道，自此重新回歸了道家修練之法。

張天師請大師兄尋找一道場，希望重燃道家的根本精神，因此就在三峽的群巒中覓得了度化眾生的根據地，買下了一塊地靈人傑之山坡地，此地占約五分，並且耗資當時的一千多萬元蓋了天師府，而大師兄竟以一己之力，一磚一瓦建構了「竹崙天師府」，而今已邁入第十個年頭。

這十個年頭，大師兄秉持天師的指示，以度化十方眾生為職志，並且以「**為天地辦大事，自清不沾鍋**」為原則，為苦難的有緣眾生消災解厄，引導正確的善念善行、布施之法，與各界眾生和平相處甚至共襄盛舉以期能讓眾生離苦得樂。然而這一切卻不失因果循環的大自然根本道理。

或許您會說大商之道為何提此玄妙之事，因為這是科學，因為大商之道不離天地之道，不離因果之道。這是大商展現的非商之精神，而非任何事都必須與錢綁在一起。

錢非常重要，但有很多事情不是錢買得到，不是有錢就能夠知道。如果我們只是空有錢財，卻不知擁有錢的目的，那麼就汙辱了錢的價值。

看不到的空間，我們就不多談。但，若能以教化之意涵，行淨化人心之實，這樣的任何人事物都有宣揚之意義。

如同佛陀的慈悲喜捨、如同耶穌的愛的真諦、如同穆罕默德的先知卓見、如同孔子的有教無類、如同老子的無為而治、如同孫子兵法的不戰而屈人之兵，善之善者也！

天地之間種種智慧，取其精髓，善用之，回饋於十方，任何真義將皆有其利。

大慈無我、大悲無私、大愛無邊！

愛因斯坦的相對論與質能不滅定律，其實早已說明了天地間所有的一切不再需要眼見為憑，因為人類看不到並非這世界的錯，個人的智慧未開更非天地所需承擔的罪過。打開您的心眼，才能真正看見世界。

大自然的反撲，便是人類自作聰明的自食惡果。因此人類必須開始學習向內在深處尋找穿越千古之智慧，而非只是執著於科技的日新月異。

當時間靜止，過去、現在、未來就在同一個時間點，如同速度快到了極致，一切的人事物看來都變得緩慢。

當我們了解了這其中的奧妙，便能明白專注力的呈現就是讓所有目標迅速達成的關鍵。

筆者在撰寫本書的這些日子，暫停了往外追求的步伐，不斷往內探索，只為了把過去累世的能力找回來，同步運用在當下的時空，以期能為這個時代做更多有意義的事。

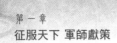
在此將這所有感恩的動能，迴向給天師府所有可見的智慧與無形的能量。

謝天！謝地！謝師恩！

謝親！謝愛！謝眾神！

大商的味道

大商是什麼味道？大商的味道就是商道，商道為路，路為途徑、為方向、為方法。更將散發一種恰似無味卻有味的濃郁香芬。

商是一種交換，時而有形時無形。

商亦有道為之商道，商有其味不盡聞得，卻為感受之真切。

商分四類：大商、小商、非商、奸商。

小商：只以利潤多寡為出發，只思己益，將本求利，以價值交換方式求生存，盡是小商。這是一般正常生意人的概念。

奸商：為達目的不擇手段，即使傷天害理不改其色。這是造成大家對商人為富不仁的認知，因此生意人與商人這樣的文字似乎早已並非正面的形容詞。

非商：不以利益為方向，卻以善念善行之傳達與行動為職志，只願目的達成，不在乎利益。這是宗教家、慈善家的基本概念。然而付出者收穫，此乃天地之間必然的因果定律，不是不報，時候未到。無所求的付出卻必然將有所得。

大商：實為兩「意」，兩種意思的同步發生才能成就大商之格局。一為利益、一為意義，必為意義得利益，莫為利益失意義。有利益為動力，方能支撐意義的持續。

奸商是極惡，非商是極善，小商非善非惡，大商方為中庸之道。

然而，大商是一種堅持，這種兩意的堅持並非那麼容易維繫。就如同大多的醫師一開始都是以懸壺濟世為方向，大多的警察一開始都是以除暴安良為使命，大多的軍人一開始都是以保家衛民為任務，大多的神職人員一開始也都有崇高的目標與理想。

然而，一開始就只是一開始，因為，精進心易起，長遠心難持。太多的人都被世間人情冷暖、物質欲望所打敗，利欲熏心，忘了初衷。

奸商為了提升利潤、降低成本而偷工減料。為了改善賣相，添加了泯滅良心的材料，讓本質原本良好的商品卻因此蒙上了謀財害命的元素。此乃天理所不容，古今中外卻也不斷有人前仆後繼，實乃缺乏智慧知悉天地因果循環之道理。

然而，大商之精神就在此狀況下因應而生。因為非商之善舉並非可全面性常態運作的機制，難免造成杯水車薪。唯有進入良善的系統機制方能解民之所苦，也方能影響越來越多的小商進化成為大商的格局。

格局決定結局，因此本書就是在讓所有讀者通透理解大商的格局，造就眾商皆大商的大未來。當世界少了貪婪，就不會有爭鬥。當人人都付出，就不怕沒收穫。

　　大商的精神就是付出者收穫，

　　大商的精神就是大商的味道，

　　付出者為其意義創造收穫之利益，

　　因有其收穫方能再付出，

　　因利益又能再生付出之能力，

　　如此的良善循環便是大商的精神系統機制。

　　大商究竟是什麼味道？

　　是無比高貴的玫瑰、茉莉、檀香？

　　是沉穩踏實的乳香、沒藥、岩蘭草？

　　還是提振精神的迷迭香、歐薄荷、檸檬草？

　　亦或是快樂放鬆的甜橙、佛手柑、薰衣草？

　　統統不是，也統統都是。

　　大商的味道就是為利益人類世界，展現大愛精神的天使之愛，天使以其無私心念凝結孕育一種感動人心的能量，甚

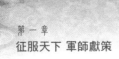
至犧牲自己在所不惜。此味源遠流長，從外太空直達地心。

每個天使所呈現的風格不同，氣味不同，方式不同。然而為人間盡心力，為世界更美麗而努力，卻是天使們共同的目的。

這些天使幻化為人形、深入人群，他們沒有共同的軀體，卻有共振的靈魂，我們不知如何稱之，故以「大商」命名之。

台灣精神

　　台灣是本書所有故事主角的出生地，更是成長茁壯的地方，因此有著對這片土地濃郁的一份情感，無法割捨的至愛，不可言喻。

　　台灣這座島嶼，有過悲慘的歷史，卻也有著感人肺腑的點點滴滴。歷經唐山陸續移民而生根、數個階段的外族統治、國民政府撤退來台，這一切造就了台灣各式各樣的情節與文化，引爆了台灣悲歌後的激昂。

　　但台灣的精神是什麼？是滄桑背後的自卑？還是尚未認清自己的自負？或是追求卓越的不斷超脫與勝出？

　　與台灣共存亡似乎是很多人的口號，卻尚未看見真正檯面上有多少大人物真實如此的付出，只有在街頭巷尾才能發現好多默默耕耘的台灣人正在為台灣而努力。

　　正因小所以才不狂妄，正因為小所以才知道台灣的重要。

　　存在就是奉獻，存在就是價值。我們無法接受口口聲聲的愛台灣，卻不斷傷害台灣人的健康，不斷傷害台灣的名聲與信譽。我們無法接受口口聲聲的我是台灣人，卻以定居海外為榮耀。

我們看到了每一次國際競賽時，運動選手獲得金牌揮舞國旗的感動。我們聽到了各種可以嶄露頭角的機會，台灣人高唱國歌的激動。

過去，我喜歡光輝十月的四處旗海飄揚，而今只剩偶見的青天白日滿地紅。過去，我喜歡各種場合國歌啟動的典禮序幕，電影播放前的制式高歌。而今只剩元旦升旗典禮的總統府。

我們不必理會國歌裡的歌詞是否符合時宜，因為國歌就是我們台灣幾十年來經濟起飛的旋律。我們不必再追究政黨相關的歷史與背景，因為國歌就是國歌，代表一個國家成型時當下最具意義的時代之歌。

出國時海外遇同鄉的心情，更確認了國家的重要。只有踏回自己的土地，才有穩健踏實的感覺。因此，過去曾在海外發展的我，毅然決然回台奉獻一己之心力，為台灣的未來而努力。

台灣精神是什麼？大家都在找，這不是誰說了算，而是問問自己，我們究竟為了這個土地做了些什麼？

台灣外來人口越來越多，台灣生育率全世界最低，台灣離婚率不斷攀升，台灣土地上的靈魂們，我們的共識是什麼？

時代在進步，人心在凋萎，我們正在自省與自醒。在這個土地上，奮發向上。

走出過去的框架，忘卻無意義的歷史包袱，我們只希望讓這美麗的福爾摩沙可以因為正在此土地上生存呼吸的人們驕傲。當在電視螢幕中看到 NASA 所拍攝的台灣夜景，身為台灣人的我們，當下誰能不感動？

當您看完所有本書大商主角的故事後，台灣精神是什麼？由您自己決定。

我們在努力著，不管在任何一個角落，不管在任何一種場合，不管在任何一種情境。

「您好，我來自台灣！」這鏗鏘有力的語句將成為全台灣人最愛的自我介紹之開頭。

我們不期待讓世人認為台灣是個偉大的國家，我們卻期許台灣人都是勇敢而有智慧的生命。

我們不盼望台灣成為世界舉足輕重的強權，卻是令人感動而具備良善影響力的國度。

「台灣」或許是山巒交錯，路途「太彎」，因此成功總是必須經歷曲折離奇的坎坷過程，卻也因為如此，我們更能感受得之不易的果實甘美。

就像從土壤中翻攪而出的番薯，經過了窯烤的燜燒，撥開

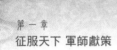

了滿是烘乾後的泥濘外皮，噴發著滿滿熱情的氣息，讓人從想像中就能垂涎而淚欲滴，因為那樣的畫面盡是「感動」。

這樣的番薯不需調味料，不需精雕細琢的擺盤，只須寫滿人生歷練故事的真實舊報紙，輕輕包覆，雙手一剝，納入口中亢奮呼氣，那份甘甜從咽喉直通腳底，感恩的心更是直衝腦門。這就是台灣人踏實的感動。

「台灣」我愛你！

大自然

如果你問這世界的力量什麼最大？

答案是：大自然。

或許很多人會反駁，說神的力量更大，並且人定勝天。如何會說大自然的力量最大呢？

神是誰？誰是神？你我所認知的神是同一個主角嗎？誰又是最偉大的神？

因緣不同所承受與產生的結果就會有所不同，然而有選擇，有信念就是有所局限。認同自己，否定別人，這就是大多世人在信仰宗教時的格局與盲從。

不同的國度不同語言就有不一樣的文化，這就是正常的現象，神也是。我們不該對其有偏執的認知，因為角度不同所看的狀況就會不同，但是這世間所有的事並非因為你信所以存在，不信就不存在。

所以，一切單純選擇相信、感受體悟、執行親證、感動分享，這才是健康的信仰模式。而非一廂情願地將自己的認知強迫灌輸在他人的思維。前者為正信，後者即為迷信。

不曾親證胡亂傳頌，就是魔說。

而我們就用最科學的方式來形容「神」，

神就是大自然。

大自然的孕育那麼感人，大自然的滋養如此溫潤，然而大自然的毀滅卻最是驚人。

你會說，最可怕的武器不是來自科學家的研發設計嗎？原子彈、核子彈……

是，這不是發明，只是發現，是科學家發現了大自然的奧祕。

只是人類自以為聰明，自以為勝天，做了很多終將自食惡果的事。

渺小如滄海一螻蟻，豈能狂言必勝天。

激勵性的語言被濫用了，力爭上游的文字被曲解了，奮發向前的意義被誤導了。人在天地間生存，受恩澤於大地，潤雨露於上天，感陽光之大愛。我們僅能存在感恩之心，化正向行動之能，方能不愧對皇天后土之孕育。

因此，人必敬天，大自然就是神。

因果就是大自然恆久不變的道理，有人窮其一生尋求真理，殊不知真理就在生活裡。原來因果就如同是牛頓的第三運動定律「有一作用力、必有一反作用力」。

「付出者收穫」就是「因果」，就是大自然的法則。「付出者收穫」是一種現象、是一種反應、是一種亙古不變的定律。

我們無須多求，付出卻必然收穫。付出的是物質是能量還是心念？卻也將用不同的形式的收穫回覆作用力在我們的身上。

當我們所思是正念，回歸的正向力量將綿延不絕；當我們所行是負面，回歸的反向力量將永不停息；這就是付出者收穫。

天下沒有白吃的午餐，也沒有憑空而降的禮物。**付出者收穫不是神話，不是信仰，也不是交易。而是需要身心合一的執行力。**

因為，付出者收穫就是大自然中最偉大的真理。

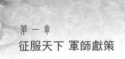

商標與品牌

　　商標與品牌究竟差異在哪裡？這個問題應該有很多人討論過！筆者在這裡也來為各位分析分析。

　　商標只要申請通過就可以屬於你，品牌卻必須用心經營才能產效應。

　　沒有經營的商標就只是圖案與文字而已，沒有太大的意義，長期投資心力的品牌才能夠展現生命力。

　　商標如同卵子，品牌就像受精卵。

　　卵子在每個月都會成熟一個，如果沒有成萬上億的精蟲奮鬥力爭上游，億中選一，就沒有具備生命力的受精卵出現！

　　沒有受精卵的著床，就會造成子宮內壁崩盤剝落！

　　這種過程著實像極了品牌建立的艱辛，投注的努力（精蟲）非常多卻也不一定能夠真正有所收成！

　　商標的生命週期是有限的，如果在可以受孕的期限內受精，那麼失血已經是可以預期的未來！

　　努力的環境也是重要的，否則投入再多的資源，仍然可

能功虧一潰！就像子宮內的 PH 值。

當受精卵已經成功著床之後，難道商標就是一個成功的品牌嗎？當然不是！受精卵在子宮著床形成胚胎之後，尚必須十月懷胎的孕育，才能夠真正誕生成為嬰兒！哇哇落地的當下，品牌才真正開始！

然而誕生之後的嬰兒必須給予哺乳、呵護、換尿布！

慢慢的，嬰兒會坐、會爬、會說話、會走路、會跑、會跳。

當他長大成人之後，方能夠真正開始回饋給不斷奉獻的父母親！這就是商標蛻變成為品牌、品牌變名牌的歷程！

然而，對一個品牌的照料就到此為止嗎？當然不是！兒女會有喜怒哀樂、會有人際關係，還會再生兒育女。不擔心兒子了，卻開始煩惱孫子，這就是人類的生命、人類的世界。

而這人類繁衍傳承的一切歷程同步呼應品牌的成長過程。

親愛的朋友，現在懂什麼叫作品牌了嗎？

企劃與計畫

　　或許你不曾想過，或許你曾經討論過這個問題：企劃與計畫究竟有什麼差異？但是大部分人的回答經常令人啼笑皆非！

　　其實，企劃與計畫的差異很大，因為這四個字本來就都不一樣了！相似度只有 25%。如果要筆者來分析，那麼請仔細看了

　　企劃的企代表企業，計畫的計代表計謀，方向似乎又是不同的！

　　企業的方向不能偏離利益，計謀的方向與目的卻也不一定是利益！

　　企劃的劃與計畫的畫是不同的！一個有刀邊，一個沒有！企劃的刀字邊有相當多的涵義，一則表示可以修修剪剪、去蕪存菁，達成想要的目的。一則表示企劃人所做的事情必須要知道錢必須花在刀口上，這才是企業所要的企劃案。

　　計畫代表的應該是可以執行的藍圖，但是如果沒有實際的行動力，那麼就像是一幅圖畫，沒有任何意義！

　　計謀如果沒有書面化其實也很難具體化、系統化，所有

計畫中相關的執行者也不知道該如何運作，因此必須清清楚楚一目了然地呈現於文字，並且讓人容易明白整個計畫的來龍去脈（目的、目標、方法、步驟、經費、效益評估分析等）。

因此從上述看來，企劃與計畫似乎根本上就不一樣！但是，我們卻在企業裡經常聽到週計畫、月計畫、季計畫、年度計畫！那麼計畫豈能說與企業無關呢？

我們也曾經聽過兩種說法：

你的企劃案中究竟是計畫如何執行呢？

你的計畫是否能夠具體的提出完整的企劃案？

看到這裡，或許你越看越亂，也或許已經擬出一個頭緒。原來企劃與計畫密不可分：

所有的計畫想要確實達成目標，必須都要有巨細靡遺的企劃案！

所有的企劃案想要確實可行，那就必須擁有深具邏輯目標性的計畫！

套句現代人喜歡的字眼：**計畫就是策略，企劃就是執行力！**

行銷

　　行銷就是銷售嗎？兩者間並沒有畫上等號！卻多了一個括弧！銷售只是行銷的一部分，不會銷售不必談行銷，懂得行銷那就必須能銷售，否則紙上談兵都是廢話連篇！

　　人類從掠奪到交換，這究竟經過了多少的努力我們不得而知！但是，當人類開始懂得交換的時候就是行銷已經開始發跡的時期。

　　有人探究行銷學的歷史，在筆者看來根本不可考！沒有記錄不代表不曾發生，沒有理論不代表不會執行，況且語言在文字之前，而行銷卻是從語言的溝通開始！

　　行銷是什麼？其實，有時只是一個觀念的傳達！這個觀念的成功傳達，能夠讓你大獲利！你不信？那就請你繼續看下去！

　　為何紙尿布會變成有寶寶家庭的必備用品？只因為一句免洗的概念！過去為人母親的人都必須為孩子把屎把尿，現在只需要換尿布！

　　還記得當年剛開始有紙尿布時，大部分的人都會覺得太奢侈了，而今已經成為必備的消耗品！

這就是觀念的傳達！

洗衣機、脫水機、烘乾機各種家電也都是因為便利觀念的成功傳達！

講到便利，那麼便利商店在大家的心目中可真就是便利的代言人了，因為會想到便利商店買東西的人，絕對不會是因為貪便宜，只因為真的省了一段路，並且沒有時間上的限制，半夜睡不著還可以到這裡看書報，買零嘴、喝飲料！好像已經再也看不到在便利商店討價還價，嫌東西太貴的現象了！這就是行銷便利！

保健食品為何近幾年來已經慢慢被大多數家庭所接受，因為預防醫學的概念已經慢慢產生效益！平常就懂得養生，總比到頭來花錢看醫生來得划算！

死這個字越來越不令人害怕談起，因為總是要面臨這個問題，因此先找好死後的住所、先找好死後幫忙打點一切的對象，已經開始慢慢流行！這樣的行業已經越來越檯面化了！電視廣告、公車廣告、到處都是。

這是行銷什麼？行銷死後的尊嚴！

因此，從生到生活，從活著到死亡，所有的過程都有不同的需求，而這些需求，有時候是被渴望、有時候是被發現、有時候是被發酵，而這些需求經常被巧妙用一個觀念的

建立、提醒而傳達開來！一但成功傳達，就是成功行銷了！

行銷是什麼？

把觀念植入對方腦袋，換取價值放入自己口袋。就是行銷！

並且這價值並非以金錢可以衡量，而金錢經常只是順理成章的附加價值。

真正的價值卻是一種快樂、一份幸福、一份榮耀、一份成就、一份放諸四海皆準的口碑傳訟。

口碑

問世間情為何物，直教人生死相許。

問世間口碑何物，直教千古成就永相隨。

麥卡錫的行銷 4P 可不是 3P 再加 1P，而是因為四個英文單字第一個字母都是 P。

Product(產品)、Price(價格)、Place(賣場、通路)、Promotion(促銷、推動)，就是這四個 P。

這 4 個 P 確實是所有行銷的基礎，但是只有這 4P 似乎仍嫌不夠力。

因此，筆者再給你 4P，以後你和別人談這 4P，可必須說明是麥卡錫的行銷 4P 還是許宏的行銷 4P 了！

行銷學在麥卡錫 4P 理論之後甚囂塵上，各種理論與實戰不斷延伸，而其中一項就是口碑式行銷。但，大家對口碑這兩個字卻有甚多誤解。而這口碑行銷的程序與基本元素便是許宏 2006 年所提出的行銷 4P。

許宏的行銷 4P 是：Person(人)、Plan(計畫)、Program(程序)、Play(演出)。有了麥卡錫的行銷 4P 為基礎，如果沒有人才來規畫與運作，一切都是白搭！詳擬計畫之後

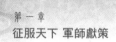

就必須形成真正可以運作的標準程序，如同程式一般讓相關同仁可以複製，然後執行有如演出一場精采的節目一般！如此一來觀眾必定拍案叫絕、鼓掌叫好！

當本文這裡面的8P都已經發揮到淋漓盡致，那麼商品「服務」就可以順利吸引消費者，然後讓消費者心甘情願掏出口袋裡的錢，瘋狂來換取商品「服務」！成功完成交易！這就是行銷！

沒接觸過哪來體會，沒體會過哪來口碑。

口碑行銷顧名思義就是透過口耳相傳而造就的行銷模式。

口碑無所不在，不論好事壞事，人們在體驗過後通常都會分享感受。沒有什特別體會，當然就不會有特別的分享，但若有深刻的感觸就很難不分享。不必矯情，擋都擋不住。

口碑是一種幸運，那何為幸運？

當機會來臨時，我已經準備好了。

當災難來臨時，我不在現場。

這就是幸運！

曾經有人說，百分之九十的產業都是服務業。錯！大錯特錯，因為每一種產業都是服務業。

然而，這卻不是大部分人的認知，以為自己不是服務業。

也因此為自己造就了慘不忍睹的口碑。

製造業必須供需平衡，不能孤芳自賞。因此必須業務推廣，當業務成交的時刻，就是服務的機會。而這機會的把握就是能否造就下一張訂單的關鍵。

當供應商將服務品質顧好，那麼正面的口碑就會建立，變成了一個善的循環。

當服務沒做好，那麼負面的口碑就會開始發酵，而且延伸焚燒過去所累積不易的根基。

同理可證，政治人物、演藝明星、老師……，各行各業無一不是服務業，都需嚴謹看待口碑！

俗話說：「好事不出門，壞事傳千里。」

所以維護好的口碑著實不易，因此成功者必須格外愛惜羽毛，莫使其沾上油汙，否則恐怕再也飛不起來。

口碑是生命的歷程，是俗世的流傳。

然而這卻是人性最精采的態度，短暫的口碑會隨時間消逝，深刻的口碑卻將永留青史。

虎死留皮，人死留名。我們可以選擇默默無名終其一生，也可以讓自己遺臭千年，更可以選擇讓自己萬古流芳。這是表象的口碑。

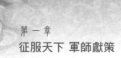
更實質的口碑卻是不失因果的大自然定律，萬般帶不去，唯有業隨身。

口碑不是為周遭的人負責而已，更是為自己的生命負責。

當你決定做一件義無反顧的天地志業，即使讓所有親朋好友都誤解，即使全世界的人都對你怒吼，心念依舊堅持，行動仍然持續，這將造就寰宇間最偉大的口碑。

口碑不是八卦，不是是非，是「因果」。

再問口碑為何物？口碑就是──耕耘態度的果實。

團隊式口碑行銷

其實，沒有一種行銷不是口碑行銷。只是由自己本業團隊所創造的口碑，將遠遠弱於各行各業集結後的彼此互助。

明白了口碑的真諦方能談口碑行銷。

各種理論學說若無實證與親自感受都將淪為空談，都將虛無飄渺。

近年來多種獨樹一幟的行銷模式與現象被廣泛流傳與運用著。

體驗式行銷、秒殺行銷、網路商城、行動購物……，然而系統化團隊運作的口碑行銷卻也早在三十年前悄悄在市場上發跡了，卻在這兩年終於在台灣大放異彩。

口碑行銷不是機械式的行銷機制，當您沉溺於所謂的成功必然法門，當您不懂檢視所謂系統機制背後的根本精神，而只是人云亦云的無知盲從，那麼您所進行的一切就是迷信。

不曾深究而信之就是迷信，未曾親證而言之就是魔說。我們在運作口碑行銷機制時必須不斷檢視自己、檢視夥伴、檢視團隊、檢視目的、檢視方法、檢視初衷、檢視路徑。

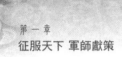
就像棒球隊，沒有當過球員可以當球隊老闆，但不能當教練。教練也不適合同時當球員，更不適合同時當裁判。在一個球隊裡，什麼都會，可攻可守，可擊可投可捕，但絕對不能同時扮演兩種角色。因為團隊之所以為團隊，就是各有其專長，而將每一場比賽完美展現，因應各種對手的發揮，獲得每一次的勝利。

不要讓自己變成無知的散播者，不要讓團隊變成如同詐騙集團的共犯。

各行各業的集結，只有合作沒有競爭是團隊式口碑行銷的基本原則。但，進入團隊成員的專業水平與心念態度，需要一個基本而徹底的審核機制，以保證進入後不破壞團隊原本的基石，並且產生加分的效果。

夥伴間一對一的深入了解是建立認識，深入認識才有信任的可能，有過服務的體驗才能有更信任的發生，當真正信任之後才能有引薦的啟動。因為引薦必須真誠，更必須對被引薦者的充分負責，而不是為了引薦而引薦。

當引薦發生後，就是服務的機會，此刻就必須完美展現服務的過程與成果，當滿意度達入被服務者的心坎裡，那麼分享體驗後的感動已是必然。這就會開始有好的口碑的誕生。

如果服務結果令人不滿意，那麼務必要求鉅細靡遺的檢

討。如果連檢討都不願意，而是自以為是的依然故我，如此的夥伴就是毒瘤，當下去之不足為惜。

當團隊的每個成員都是如此要求自己與夥伴，那麼團隊如何會不興盛，獲益如何不爆炸。如果彼此只是永遠表面社交，只是短視近利地要求現在此刻的互助，這只會將餅越做越小，終至瓦解。

全世界各地的風土民情不同，有的太過理性，有的太過功利，有的太過感性，有的太過散漫。而台灣呢？台灣是個充滿人情味的土地，因此若只是機械式的目標導向，是不容易產生深入連結的。在台灣情理法，情永遠被放在最前面，因此偶爾的聯絡感情與互動，卻是增進彼此情誼與合作機會的不二法門。不用刻意去覺得這是浪費時間的應酬，而是頻率共振的磨合過程。

有一句話說，要增進彼此情誼與默契，打十次 Line 不如打一通電話，打十次電話不如見面喝一次咖啡，喝十次咖啡不如一起完整用一餐，完整用十餐不如一起生活一天一夜。

認識度與信任度的增加後，當以理性為基礎的感性開始發酵時，合作已經變得容易。

您將很自然的會在生活中隨時推薦您的夥伴給您周遭的親朋好友，這種自然來自真誠，而非為了創造績效的矯情。這樣的行銷效應將會在不知不覺中自然形成，達成不銷而銷

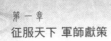

的行銷一瞬間。

　　這就是真正的團隊式口碑行銷，才會將一加一的結果遠遠大於二。當如此的效應交錯感染之後，團隊的爆破力，將攻無不克、無堅不摧。

團隊創意整體行銷

創意戰與團隊戰的時代來臨，團隊創意整體行銷是組織合作必然的結果，因為沒有團隊何來整體？沒有創意哪來戰鬥力？

這些年，在社團組織中與一些社交場合，經常我們會收到整合行銷公司的名片，聽聞以此概念運作的服務機制，可見完整的行銷環節之多元化與複雜性，因此開始有這樣的營業服務項目，以「協助客戶完美行銷」為其所經營的「主力行銷商品」。

然而良莠不齊的專業程度盡讓業者不知應如何選擇，因為每一個行銷動作都是一種賭博，沒有不需成本的。

倘若我們能夠有一個堅實的團隊，由各行各業所組成，彼此間形成了可以互相支援的供應鏈，當團隊依循著已達共識的合作模式，那麼這樣所產生出來的整合行銷模式將會是一個具有完整度的行銷團隊。

既然要合作，我們所邀約所選擇的對象就必須是夠專業、可互助、可信任的整合行銷，而非只是湊熱鬧，那就實在是浪費大家時間了，而且產生出來的成果也將令自己啼笑皆非。

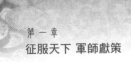

創意戰可以巧思，但不必矯情。以筆者的精油工廠為例，在本書所集結的大商團隊裡，我們就創造了各種不同合作的可能。可以是單向的加分、可以雙向的互惠、可以是兩公司的結盟合作、可以是三家公司的專案合作、也可以多家公司的集體合作，總之合作確實是一門大學問、一項大藝術。

當然，**極致的專業呈現是信任的基礎，也才有合作的可能。**

精油是一門藝術的科技，是大地的恩賜，是大自然原始的能量，是宇宙生命活力的根源。

全亞洲唯一以精油製作調配為主體的精油藝術工廠，是全世界最懂精油的化妝品製造廠，「無水香水、無化學防腐劑、無化學添加物、無有機溶劑殘留、無不實成分、無不明原料、無誇大療效」。

獨特專屬的味道，許宏為您來創造！

滿足各種需求，單方精油／複方精油／SPA 按摩油／精油保養品。薰、吸、抹、按、泡一應俱全。量身訂做、品牌規畫、行銷企劃、教育訓練、OEM/ODM 完整服務。當您最貼心的後盾。

筆者的精油工廠提供了多位大商量身訂製其商品的服務，並且以行動社群組織與臉書等工具持續為大商們曝光。但這

都還只是單向的加分。

那雙向的互惠呢？具體一點的就是黃彥凱整合成為筆者集團的教育長。

在本集團開設國際芳療證照課程，這是黃彥凱的獲益，然而上課所用的精油就都是本集團的精油工廠所提供，這就是雙向互惠。

合作若能將兩個獨立個體合併成為同一利益共同體，那這樣的合作不深入都很困難。

許宏與心慧的合作更令人驚豔，我們可以說是完全不相關的產業，但我們有了共同的心念，產生的共同的目標，分工完成同樣的使命，就是共同寫這本書，而這並非我們的主業，卻能夠藉由如此的相互成就，創造彼此新的價值，這更是高竿的結盟。

當合作組織外的客戶找上門時，團隊各種服務的機制與能力都將會是預期外的附加價值。這對於每一個團隊中的成員產業都是超級加分的結果。

當然，對我而言並沒有無法整合的產業，只是相關性較濃厚的合作起來較容易，差異性較大的合作起來就更需要創意。

當團隊越大，可以排列組合的模式越多，能夠發揮的創

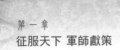
意就越多，彼此加大的效果就越豐富，對於生意而言便能夠有源源不絕的創意與藍海攻略，因為，生意來自生生不息的創意！

第二章

兵強馬壯 萬眾一心

系統（System）

　　世上所有的一切，當能夠自然運作，進入了標準的軌道與不斷循環的良善機制，就是自成系統。

　　聽了一輩子的系統，但我們究竟對系統了解多少？還是這兩個字只是抽象模糊的概念而已？

　　當您看完這篇「系統」，您將豁然開朗，不再受人框架，不再人云亦云，不再濫用這個偉大的文字。

　　系統其實廣義指著一群相關連的個體所組成，依預定的規則運作，能完成單獨個體所不能獨力完成之工作的一個群體。

　　此一名詞源自古希臘語、被譯為拉丁語之後再轉為英語，經日本漢譯後成為中文。追溯其歷史，最早提到的應是柏拉圖時期所謂的總體、群體、聯盟。

　　系統分為「自然系統」與「人為系統」，自然系統包含「人體系統」、生態系統、大氣系統、水循環系統。人為系統主要是人類為了生活而創造的系統，電子系統、作業系統、形式系統、公理系統、社會系統。

　　「自然系統」中的人體系統：細胞是生物體構造及功能

的基本單位，細胞構成組織，組織形成器官，器官造就系統。聯合各功能相關的器官，執行一系列的的生理作用，這就是系統。

人體再由十大系統合作成為一個獨立生物運作系統，加上了靈魂才能維持生命跡象。原來生命如此不易……

「人為系統」中的社會系統：為達成其共同目標，而依照規律的交互作用，或相互依賴的事物之結合。

而口碑行銷團隊便是典型的社會系統，但這樣的系統必須毫不含糊的訂定遊戲規則與運作方式，教育訓練更是不可間斷。

建構、經營此平台的主事者，為團隊中夥伴所需要做的事就是如此明確與貼心的服務，如此才能讓夥伴全然順暢的進入系統，這是系統服務者的關鍵角色，才能建構系統本身的口碑。

系統本身有了口碑，組織才能夠有能力壯大。因為這樣的組織系統，不該只是看成一個無生命的社會系統，而是一個有靈魂的生命系統。

細胞、組織、器官、系統，這樣的連帶關係，我們可以看成器官是小系統，組織是小小系統、細胞是小小小系統。而每一個團隊的夥伴都是獨立自我的產業系統就是「細胞」，

每一個團隊都是由細胞「串聯」形成「小組織」，再由幾個小組織組合而成「器官」，不同團隊的連接「並聯」才能形成「系統」，每個區域的系統互相整合再加上大團隊的根本精神就會是有生命有靈魂的超級大會。

而這根本精神就如同 BNI 創辦人 Ivan Misner 博士所言「付出者收穫」！

不願付出而想收穫，這就是在系統外盤懸，永遠沒有成功的可能。

進入系統不難，只要你願意真心付出，你早已在系統裡！

只要你用愛去經營，只要你用生命去奉獻，誰敢告訴你「你沒進入系統」？

教育訓練

教育訓練是一門大學問，家庭、學校、組織、企業、社會、國家，並不是用一篇文章所能完整陳述，然而本篇所言淨是「合作型團隊組織」的教育訓練。

當然，企業裡的教育訓練更能以此為指標，兩者的最大差異就是在有否薪給支付的主顧關係。企業有實際的數字與價格，「合作型團隊組織」卻只能談共識合作創造的價值。

師者傳道授業解惑，**教育訓練就是教育與訓練，教育是「教而懂之」，訓練是「複製能之」。做給他看、帶著他做、看著他做、修正他的做、直到他真的會做。**

十年樹木、百年樹人。教育訓練需要有教材、需要有範本、需要專才、需要隨時以身作則的「團隊身教」，因此如能建構真正可傳承的**「有形之文化結構」**與**「無形之文化素養」**，那麼教育訓練便是自然而然並且不斷衍生的持續進行式。

一個組織的運作總有其標準運作模式，管理者有此責任義務在新人加入時，以最快速的時間紮實地給予初步的教育訓練，而非如同大拜拜般的精神傳達式聚會，只要一本完整的教戰手冊，就能解決這一切的問題。

　　因此，實用而符合時宜的教戰手冊，分階段、分功能地給予每一個成員正確的教育訓練是每一個組織都必建構的基本工具。

　　責任、義務、福利、目標、方法、工具、資源、管道……，這一切若都能鉅細靡遺的陳述，並且導讀。不再以抽象模糊的字眼帶過，不再以模擬兩可的語句應付，不再說講了這麼多次，為什麼還是不懂……

　　沒有狀元老師、只有狀元學生！

　　當然沒有教不會的學生，只有不會教的老師！

　　有教無類是孔老夫子的慈悲，因材施教是至聖先師的智慧。

　　主事者若自己不會當老師就別硬來，主事者若不懂運用教育人才那就等著垮台。

　　教育訓練系統是可以用組織圖呈現的、是可以細細分工的、是可以放諸四海皆準、標準化而不會因人而異的、是可以文字化、表格化、隨時可以傳承的。

　　無法文字化的一切千萬別再用「系統」這個詞。「系統」是絕對可以交代清楚的必然，而不是永遠說不清楚的含糊。

　　「系統」是可以觸類旁通的，是可以舉一反三的，是可以相關連結的，而不是愚民政策搪塞的代表。

　　網路流傳一個短片，某一城市的街角，盲人牌子上寫的

是：「我是瞎子，請幫助我！來來往往的人們卻鮮少有人駐留給予施捨。」

後來路過了一個女孩，幫他改寫成：「多美好的一天，我卻看不見！」

自此，陸陸續續的贊助便蜂擁而至。盲人感謝著這位女孩，問明了原委，終於頓悟⋯⋯

同樣的目的，只是換個方式，產生力道就完全不同。

教育訓練亦然！但主事者必須懂得謙卑，放心放手讓有能力操作教育訓練的人才建構實質而有效的教育與訓練系統，並且給予應有的報酬與獎賞。而非永遠自以為是的繼續八股而無意義的教條式訓練。

有一句話：「讓專業的來！」而不是一直以似是而非的論調傳承。這就像遺傳性疾病一樣，DNA 沒突變，就會一代代不斷根的遺傳。這就是無知與無明！

又有一句：「上頭不放心，下頭不用心。」組織人才濟濟，卻不懂將適當的人放在適當的位置，給予能展現的人恰如其分的舞台，如此將不只被看扁了主事的格局，更將是流失人才的開端。這個時代早被預言，企業組織的競爭力關鍵就在「人才」。

這世間所有的事，如果不想讓別人知道，那就請你別做。

否則即使沒有攝影機監視器，天知道、地知道、最後沒人不知道。

格局決定結局，在上位者必須懂得天下無常，再怎麼長都不會是永遠的長，因此擴大自己的格局就在一念間。

主事者只要掌握最關鍵的精神，細細觀察每一位成員的一切，「明其所長、暗其所短」，讓大家將他們最擅長、專長的部分貢獻出來，使其複製，這樣團隊的力量才會越來越大，質感與內涵也才能越來越提升。

倘若害怕所謂的明星效應、偶像效應，而開始封殺有能者的舞台機會，那麼將會讓團隊的士氣開始低落，人才留住也將是天方夜譚的事。

人才流失了，主事者若依舊不懂檢討，卻又以抹黑的手段分化，批判過去的貢獻者，這只會團隊的力量越形薄弱。

教育訓練的精隨在傳承，傳承的力道在成功的人才複製，否則如同模具一般，沒有一個像樣的模具，如何會有像樣的複製品。

合作型團隊組織更是如此，沒了向心力，哪來戰鬥力？

所有的成功理論都將成夢幻泡影。

教育訓練界有一句經典名言：
教育訓練「很貴」，沒有教育訓練「更貴」！

功夫

　　中華民族的古典智慧經常令老外欣賞、佩服與憧憬。中醫學的經絡、穴道、針灸，令人百思不得其解。易經的宇宙天地之學，也讓人每每折服、五體投地。功夫的前面更必須一定得加上中國兩字，因為中國功夫就是武術的最佳代表！

　　而武功何解？　武為術亦為美，功為力亦為工。若空有武術就是花拳繡腿，因此習武必先練功，練功必先練氣，練氣必須練心，練心就是練專注，專注之後才能有真正力與美結合的精緻展現。

　　任何一門學問都有其基本功。廚藝要先練刀法，歌手要先練發音，講師要先練台風，魔術要先練心法……，同樣的，運作口碑行銷的團隊也有其最根本的基本功。

A. 準時出席

B. 自我介紹

C. 引薦

D. 帶來賓

E. 不斷學習

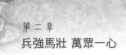

這些基本功的目地、鍛鍊與運作方法，就如下一一論述。

A. 準時出席

「你的角色定位由你自己決定！」

信守承諾是商道的最基本要求，在品質嚴格控管的基本條件下，準時會議、準時出貨、準時付款，所有的準時就是信譽與口碑的一步步建立。

在商務聚會的過程，養成準時出席是最最最基本的基本功，如果連這件事都做不到，何來誠意可言？何來信任度可言？

就像導演開拍大戲，重要的主角沒到位，如何開始？這是對所有參與者的不尊重，更是對自己的不看重。因為你可能已經把自己定位在這個舞台大劇中，只是一個可有可無的跑龍套。

當你如此看待自己，那麼你將永遠成不了要角。反之，即使你一開始只是扮演丑角、配角，甚至只是螢幕上的道具。卻因為你的敬業、你的一絲不苟，你將比主角更加亮眼，比主角更加扣人心弦，下一場的真正主角可能就是你！

因為，台下站久了，舞台就是你的。**還是，你只是誤闖舞台的觀眾？**

B‧自我介紹

「深度直指人心，高度讓人看見。」

很多人在台下介紹自己都可以說得口沫橫飛，但是一旦上台卻啞口無言、句句乏味、字字哆嗦。這是為什麼？是對自己的不夠了解、不夠信賴。就是一種缺乏訓練的自信不足。

當然，你不必困窘、不必失志。因為每個人都有如此的一開始。只要你願意不斷磨練自己，大家都會給你機會，讓你在舞台上展現最耀眼的自我。

一場聚會九十到一百分鐘是大家可以不必上廁所，不讓氣散掉的極限。因此，必須根據與會成員的多寡決定每個人可以自我介紹發言的時間。

所以，你必須有各種時間長短的版本去呈現自己。五分鐘有五分鐘的重點具體呈現，六十秒有六十秒的起承轉合，二十五秒有二十五秒的關鍵表達。並且在短短的時間中表現出你想要讓大家永遠無法忘懷的印象深刻與餘音繞梁。

就像，電視 CF 如此昂貴的收費模式，卻能夠讓大家對某些商品蠢蠢欲動，因為他們知道消費者要的是什麼，自己真正想要的效果是什麼！

因此，當你只有 20 秒甚至更少，那麼你要說什麼？

問候語都是廢話、廣度的介紹都是贅述，此刻的你只能一次一經典主體概念的深入。

因此你必須「深度直指人心，高度讓人看見」，如同路上遇見蛇，打蛇打七寸，不要隔靴搔癢、廢話連篇。

c. 引薦

「團隊奉獻的習慣，終將同享。」

付出者收穫，本書已在很多篇幅裡從精神面與實質面不斷呈現。因為這是縱觀十方、遍尋三界、穿越古今永恆的真理。

你希望別人對你好，你必須釋放善意。你希望別人介紹生意給你，你必須也能給別人生意。

當我們自己有各種消費與被服務的需求，我們可以試著給自家夥伴一個機會，也期許夥伴的服務可以超乎預期的水平。這稱之為內部引薦。

當我們已可信賴夥伴的服務品質後，周遭的朋友有任何相關需要，那麼我們便能放心地給予貼心介紹，這稱之為外部引薦。

但，這兩種引薦不是為了成績、不是只為了做給夥伴看，而是養成為團隊與夥伴奉獻的習慣。

當團隊的每個人都養成了如此的習慣，團隊如同播滿了各種奇花異果的田園，人人都辛勤耕作、施肥、灑水，收成時各種甘美的果實與亮麗的花朵，將是所有參與者所共享。

「引薦哪裡來」這一篇裡，筆者有更完整的論述，提供讀者參考。

付出不一定馬上收穫，收穫卻一定要付出。如同，努力不一定成功，成功必靠努力。

D. 邀來賓

「招兵買馬，練就功力！」

邀約不是賣東西，因此不必怕被拒絕。

邀約是為了對方好，是提供好資訊的熱情分享，所以不必費唇舌。

邀約參與聚會是一種完全無壓力的話題，可以拉近與陌生人的距離。

同步將此功力與心念，練就在自己本業上，你將會覺得原來拓展市場很容易。

我們將美妙的功法呈現於招兵買馬這一篇，細讀之，善用之，必如獲神力。

邀來賓不一定被同意，已同意不一定來得了，人來了不一定有意義。但，整個過程你已經持續不斷產生了廣告力與個人的影響力。

很多人說朋友很多，但就是帶不來，因為時間太早了！朋友都說起不來！

是的，那我也只能說你的朋友太少了，你所接觸的生活圈子太小了，你把自己的影響力看得太薄弱了。

筆者是帶來賓的高手高手高高手，沒有能不能只有要不要。只能告訴你：帶來賓真的很容易！

沒有執行力，哪來競爭力？ Just do it ！

E. 不斷學習

「何必捨近求遠」

很多人喜歡說大道理，其實我們發現，人年紀越大懂得越多，做得到的卻越少。所有的生活與倫理都是說給小孩子聽的，所有的公民與道德都是說給非執政者聽的。原來，所有的真理在很小很小的時候，爸媽都教了，小學課本都寫了，老師也都講了，只是要求小孩要做到，大人都忘了。

難怪老年痴呆症、阿茲海默症的患者，年齡層已越來越低了。

原來，只要把小學課本裡所說的道理做到，你已近乎完人！

我們必須不斷學習，在掌聲中汲取成功者的經驗，調整成自己的座標；在噓聲中檢討自己的錯誤，移動自己前進的跑道。

但，我們何必遠渡重洋、四處取經，只是為了證實自己是對的，只是為了讓別人知道自己的認真？我們何必忘了發揮自己強項的特質，卻去執著於永遠做不來的習慣。

就像「麥可喬登」不必染白，卻也能在籃球場上展現全球偶像的丰采！

就像中華書法不必寫成英文字，卻也能夠榮登國際藝術殿堂。

因時地而制宜，千萬不要把企鵝養在沙漠裡！

別人的智慧永遠是別人的，因為他們有他們的組成元素、他們的歷史過程、他們的時空背景，這是永遠無法複製的因子。

在群覽眾家經典武術之後，

在歷經千辛萬苦之際，

在蒼茫中矇上了雙眼，

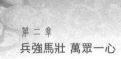
我們必須打開「心眼」往內探索,

練就屬於自己獨門的功夫,

開啟自己團隊的「慧根」,

不斷壯大自己的團隊,

擴張自己的視野,

深耕「團隊間的合縱與連橫,產業間的串聯與並聯」,必讓團隊的每個付出者真正獲得意想不到的爆炸性產值。

團隊的智慧,向下紮根。自己的「會」,永遠的「根」。

這就是真功夫!

對的人

團隊要找對的人，這是一句廢話！

寧可與聰明人吵架，也不與笨蛋說話，因為根本無法溝通。因此能夠被邀請進入團隊的份子，一定是已經有了基本的彼此認同，否則哪來合作的可能。

沒有合作過，豈知對不對？

沒有共事過，豈知問題在哪裡？

有人說，人對了，什麼都對了！

但一切的初步接觸都如同男女熱戀一般，找不到對方的缺點。若有先入為主的觀念，那也將看不到對方的優點。

合作的開始總是給予彼此一個共生共榮的機會，只要避開造成遍體鱗傷的可能，那麼將都是安全的接觸。

因此，什麼是對的人，我不懂！我們必須依法則論定標準，而非因感覺而異的人制系統。誰是對的？誰是錯的？評估的人又對了多少。

在我看來，**只有事做對了才知道人對不對**。因此基本的標準明訂出來之後，因時地而制宜，總要給充分表達意願者

參與表現的機會，醜話說前頭的信守承諾，白紙黑字的明確約定，將讓結果決定因果，而非因人而異的先入為主。

再錯的人都會有做對的可能，再對的事也都有做錯的時候。什麼是對？什麼是錯？全依當下時空的狀態方能判斷，並且以各種角度分析就會有不同的結果。

對與錯經常只是不同立場的對立思維，當我們還是個人，就必定會有對與錯的同時並存，不可能有完人的絕美境界。因此，團隊中的成員必須敞開心房，以更寬大的胸懷容納各種人才的進駐。如同孟嘗君的食客三千，不缺雞鳴狗盜之輩，卻在生死存亡之際派上了用場。

我們可以樹立自己傲然的格調，但我們卻必須有精通各種層次語言的能力，而非自命清高的鎖國政策，如此將會局限了自己處理事情的能力。

有人說：「書到用時方恨少。」也有人說：「在家靠父母，出門靠朋友。」

當秀才遇到兵，有理說不清時，您就會覺得其實如果能結交個武林高手的朋友真不錯。

當遇到一群小混混找麻煩，您就會覺得如果有個黑道大哥當朋友很踏實。

當遇到政府單位公務員拿著雞毛當令箭張牙舞爪時，您

就會覺得這時如果能有個熟識的民意代表「立法委員、議員、代表」便能寬心。

當遇到政治人物或公眾人物盛氣凌人時，您肯定會認為有個夠膽識的社會新聞記者朋友相挺真是痛快。

所以，千萬不要輕蔑周遭的每一個人、每一個產業，多一個朋友確定比多一個敵人來得好。

書是知識，知識就是力量；朋友是資源，隨時可以支援。團隊中將人擺在錯誤的位置，人才也形同垃圾。將人才運用在適當的角色，那就不會有錯的人。

如果您不懂善用已經來到您面前的各種人才，那真是必須檢討自己的腦袋是否夠格來評定誰是對的人。或許最終，您將發現唯一不對的就只是自己！

你是哪一種人？

士農工商，你是哪一種人？

當然，我是商人！但，當我們在探討口碑行銷的團隊中，農夫與獵人的概念時。其實，我們應該用更開闊的心胸去看待。

團隊中鼓勵農夫的精神，唾棄獵人的行為，這樣的口碑傳承讓人不禁有了錯覺！以為只有農夫是對的，獵人都是錯的！

其實，農夫不一定對，獵人也不一定錯。在我看來，團隊中的夥伴必須擁有這樣的想法，當一個能打獵的農夫，也當一個能耕耘的獵人。

在談農夫與獵人，就如同素食與葷食一般。葷食善良的人比比皆是，素食為非作歹的也大有人在，希特勒也素食，卻是殺人魔王！

不牽扯宗教的問題時，素食只是一種飲食習慣，沒啥好標榜，沒啥好渲染。筆者素食已超過 25 年，有時口誅筆伐的力道卻也帶著濃郁的葷膳血腥味！

素食者的道德標準，別人拿著顯微鏡在看，但素食的夥

伴也行行好，別一直破壞茹素者的形象與口碑。

所以自以農夫為期許的夥伴，千萬不要壞了農夫精神的本質，如同使用嚴重傷害人體的農藥與肥料，為何要強調嚴重呢？因為除了自然農法外，哪個農夫不用農藥？

我喜歡獅子的霸氣，卻更喜歡狼群的合作。當槍口一致對外，當獵人不獵殺自己人，獵人何錯之有？我們不喜歡披著羊皮的狼，但卻可以學習成為穿著狼皮的羊。

就像國家可以不好戰，卻不能沒有軍隊抵抗外侮。人們可以溫文儒雅，卻不能遇到歹徒時，也與對方說人生大道理。

活著！是世界上最重要的一件事。活得能自給自足、活得能樂善好施、活得可以保護自己捍衛正義、活得能精采萬分、活得不虛此生。

在團隊裡，我們必須懂得創造價值，當有一天必須告別此一團隊時，留下讚嘆的歷史，留下可懷念的典範，留下百年之後依舊仍能值得玩味的完美事蹟。讓很久很久以後還會有人想起你、懷念你、感謝你……，其實，夠了！

毀譽參半不是壞事，因為表示至少你曾經做過令人敬佩的事。亦邪亦正不是好事，但至少你也曾經做對過一些對團隊有利的事。在團隊中，要的不是完人，而是在當下時空可

以為團隊奉獻付出的人，哪怕只是一丁點，至少證明你曾經具有「存在」的價值。

身為團隊的領導人，其實必須當個牧羊人，讓每隻羊都能有草吃，讓羊兒不被狼群、狐狸攻擊。

當這一片草原已乾枯，牧羊人必須當機立斷，轉換陣地，逐水草而居，最重要的是一定要讓羊群都能幸福的生存下來。因此，有時在團隊內又必須有畜牧業的思維。

當我們深耕自己的口碑時，此刻我們是農夫，

當我們為了團隊夥伴開拓市場時，其實我們是獵人。

其實只要是好事，就讓他發生，只要是壞事，就別讓他發生，只要夥伴都能安居樂業，合作共創未來，誰管你是獵人還是農夫？

因此，請別再說自己是農夫，夥伴是獵人，

因為我只看，這人算不算是一個人！

引薦哪裡來？

不要把別人對我們的好當成理所當然，一個陌生人給了我們協助，我們會感動莫名甚而涕零。

但在家人中、在團隊裡、在朋友中，當任何一個人給了我們幫助，我們卻忘了感激。似乎是如同父母對子女關愛的天經地義。但是我們卻忘了這世間沒有一定該如何的結果，因為每一個個體都有自我選擇的機會。當我們受到幫助、受到照顧，是福報是幸運，我們必須珍惜。

如果這一切好的對待是必然，那麼人類社會就不會有如此層出不窮的問題，就不會有這麼多不幸的家庭與結局。

受人點滴泉湧以報，將是別人願意繼續對我們好的良善循環。

生我們的是父母，同父母生的是兄弟姊妹，因愛情結合是夫妻，共生共榮是家人，創造的新生命是子女，因婚姻與血緣的衍生連結是親戚，非血緣而互相關心稱朋友。

住在一起叫室友，有共同的理念而往同樣目標前進的則為盟友。

然而，**能夠真正不斷產生交錯花火的關係，只有一種狀**

況：就是心在一起。

　而心在一起，必須有共同的原因、共同的理念、共同的目標、為著共同的結果。

　能夠將心真正連在一起的力量就是愛，有愛才會感恩，有感恩才能再愛。

　當夥伴給了我們服務的機會，我們必須感恩。

　感恩的第一個步驟就是用心將專業的服務做到最好，讓服務被滿意，讓夥伴不要後悔——給予了這個機會。這樣的機會才會再度發生。

　感恩的第二個步驟就是更深入了解夥伴的專業與其相關的一切，如此的推薦才不會流於形式。

　讓自己可產生引薦的靈感在腦中搜尋，並且巧妙安排引薦的發生。而引薦的發生如同播種，不一定可以馬上發芽，但播種的動作必須持續，施肥澆水的過程也必須永不間斷，以感恩的心灌溉之，當因緣際會的到來，成功而有效的引薦就會自然形成。

　感恩的第三個步驟就是思考如何將兩者完美結合，創造新的市場、新的商機，這將是付出與收穫同時發生的最佳寫照。

　此刻的感恩已不是誰先付出、誰先收穫，而是共同創造、

一起收成。

合作必須來自彼此認同，認同才有火種點燃勝利之火。

我們不要一丘之貉般的狼狽為奸，而是為求生存、共創佳績的螞蟻雄兵。

我們不要錦上添花的攀炎附勢，而是伯樂遠見喜獲良駒的雪中送炭。

當我們能夠彼此成就，將彼此的榮耀送上最高峰，就是合作的最高等級。

當合作的團隊越來越大，團隊中的引薦來自哪裡？

短暫的引薦來自捧場，生生不息的引薦來自生生不息的堅持，如果您的引薦單自己不滿意，您要檢討的是自己，而不是團隊與其他人。

引薦來自：付出者收穫的心念與行動；

引薦來自：一對一後的深入了解與合作；

引薦來自：夥伴與來賓因機緣產生的能量撞擊；

引薦來自：團隊合作的彼此期許；

引薦來自：日積月累的值得信任度；

引薦來自：給予服務機會後所展現出來的服務品質與口

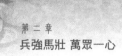
碑；

　　引薦來自：參與活動的能見度與知名度；

　　引薦來自：感恩再感恩的內在能量與物質的轉化；

　　引薦來自：進入合作系統後的自然生成。

　　引薦來自哪裡？

　　來自融入團隊後，為團隊奉獻的你自己。

招兵買馬

打架可以單打獨鬥，台語稱為「釘孤支」。

打仗卻一定得靠團隊，兵強馬壯、萬眾一心！

沒有壯大軍容，哪來的異軍突起？

很多人在研究商場之道，殊不知商場如戰場，戰場必得懂得戰術，戰爭非一人之戰，因此對兵法研究必須深入透澈。孫子兵法的十三篇已是古今兵法之巔，由「孫武」所著，由「孫武」之孫「孫臏」集大成，整體而言並沒有太多的文字，只是文言文之意境仍須智慧開啟的用心感受。「**古智今用**」方能迎接一次再一次的挑戰，創造一次又一次的勝利。

在口碑行銷團隊中，養精蓄銳，蓄勢待發，為了打一場更漂亮的組織戰，壯大團隊卻是最重要的環節，因此「招兵買馬」是無法拒絕的基本工作。此處的「招兵買馬」就是「邀來賓」。

要邀什麼樣的來賓？

- 可以幫助到你自己

- 可以幫助到來賓

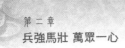

- 可以幫助到團隊

只要能具備上述三項的其中一項，就是值得邀請的來賓。

「正確帶來賓」：

不只是把熟的帶來，更是把不熟的帶來變熟，把不認識的變認識，把陌生人變貴人，生生不息，讓自己成為別人的貴人，來日必然遇貴人！

「邀來賓的益處」：

邀來賓是團隊向心力的凝聚，而邀來賓的習慣養成，對自己的益處更是不勝枚舉，舉例如下：

- 來賓邀不來，請思考你是否適合做生意。

- 沒有締結業務，沒有門檻的最佳切入話題。

- 由眾人說你的好，勝過你的千百句。

- 提升自己的說服力，見識你的影響力。

- 確認你的可被信任度。

- 團隊必然肯定你的貢獻度。

- 來賓就是你的客戶，邀來賓就是拓展你的業務。

- 你無法締結，讓團隊幫你締結。

- 當來賓變成家人，更是你永遠的合作夥伴。

「巧妙約來賓的方法與工具」

方法：

- 團隊歌曲、團隊服裝、團隊裝飾、團隊用品、團隊味道、團隊網站、團隊DM、團隊邀請卡、團隊賀卡、團隊文章、團隊案例

- 不斷分享、自然的引起注意力

不用錢的工具：

- 臉書、Line(被動式動態、主動式問候)

所有的文宣，標上團隊的專屬網站：

天下第一會 HttP://www.fly999.com.tw

- 各節日電子賀卡：新年、端午節、情人節、母親節、父親節、中秋節、元宵節……

- 五分鐘主講的邀請文宣

- 結合時事新聞（例如：氣爆、油安、伊波拉病毒……)的邀請文宣

- 團隊故事分享

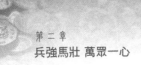
　　若要人不知，除非己莫為。只要你做了什麼，不必擔心沒人知道。所以只要你夠努力，你的付出必然會有成果。在行動商務沸沸揚揚之際，針對臉書與 Line，許宏簡單整理一門「讚讚讚行銷哲學」，在此公開與讀者分享。

「讚讚讚行銷哲學」

- 按讚就是付出者收穫的方法之一。

- 按讚並不花你一毛錢，吝嗇什麼？

- 按讚會讓你人緣變好，讚友越來越多。

- 按讚會增加你的能見度，增加你的曝光率，提升你生意拓展的機會。

- 按讚是一種禮貌，是一種美德。

- 按讚不要有太多的選擇性，不要想太久，那會框架了你的格局。

- 按讚的因果關係如人飲水冷暖自知，你還不按嗎？

一般夥伴帶來賓的狀況有兩種：

1. 一堆來賓、帶完沒了。

2. 沒有來賓、永遠沒有。

　　這都是不正確的模式，而是應該將帶來賓當成基本功課，

隨時磨練，力道就會越來越合宜與精準。

帶來的來賓有兩種：

1. 看懂了心動。

2. 看不懂不動。

締結：

越大的團隊越容易吸引來賓，而從來賓變成夥伴。這就是氣勢所產生的影響力。氣勢怎麼來？別無他法，就是不斷凝聚與氣勢與炒作所造就。

當團隊所形成的氛圍是熱絡、是興奮、是感動、是感恩、是希望、是充滿未來的渴望，來賓一定看得懂，看懂了必然心動。

而團隊卻必須展現整體的締結力，讓「心動」變「衝動」然後就能有具體的參與「行動」。

當來賓變夥伴，夥伴又帶來賓，良性循環，生生不息，這樣的團隊必將越來越壯大。

一個企業之所以能夠成功，決不是個人單打獨鬥所可以戰勝！

一支球隊之所以強大，也不會是單靠一個球王或神射手就能贏得冠軍！

一個民族之所以在國際屹立不搖，也不會是因為一個英雄就定下江山！

一隻燕子成不了春天，讓群燕齊飛的壯觀襯托我們共同感動的未來吧！

成敗論英雄！非贏不可！

組織行銷

組織行銷運作的極緻，就是一種藝術！

保險業、傳直銷業、團隊式口碑行銷等都有著組織行銷的靈魂。

談到通路，我們不得不談談一個似乎無人不知卻很難真知的通路——傳銷通路！

傳銷就是運用組織行銷的機制在運作。

傳銷這個通路對於很多曾經經商失敗的人而言著實是個商機，因為可以運用傳銷公司的資源讓自己東山再起！

有人因為傳銷——負債還清了、買房子、買車子，也開始真正養得起兒子，圓了過去不敢再度奢望的夢！

有人因為傳銷找回了曾經喪失的自信、找回了自己的健康與美麗！這些事件舉證歷歷，不難想像傳銷世界總是會有永遠不滅的光采奪目！

但是，同樣的！有人爬起，也有人迷失了自己！迷失在所謂的領導人的那種虛無飄渺的光環裡！有人因為傳銷交到了很多新的好朋友，也有人得罪了所有的親戚！

這都是因為對這個產業、對這個通路認識不清！殊不知傳銷的根基是在影響力！

如果你問我傳銷是什麼？我只會輕輕告訴你：一條通路而已！這條通路藉由組織行銷的概念快速蔓延！可以讓你穩健獲利！

但是，來自人性貪婪的本質，沒有學習、沒有教育、沒有專業、沒有服務，請問如何分享出去？

有人說：不需要產品只要有一個美麗的制度，誘發讓人想要來的動機，就能夠倍增業績、就能讓收入迅速竄起！

這造就了一家家的傳銷公司成立、一家家傳銷公司倒閉，只因為經營者起心動念的源頭就開始不切實際！利用人性的貪婪吸金而已！你說這樣的經營方式能夠有多久的持續力？

因此，傳銷在現在台灣的社會似乎已經產生很大的負面衝擊，越來越多的換湯不換藥的說法，依然無法扭轉這種社會大眾對傳銷人的看法！

這對於真正想要經營一份事業的傳銷人而言確實是非常不公平的！

因為傳銷的起頭是一種美意，讓販夫走卒都能享有商機，卻被濫用到讓很多人醜化了這種美麗！這實在太可惜！

其實，傳銷也可以很有格調，只是你用什麼心態去經營你自己！

傳銷隨時都能展現商機，只要公司的經營者的出發點真的沒有偏離對傳銷商所說的一切語言！

只要商品確實具備獨特性、效果性、延續性，還有教育加服務當根基！

只要獎金制度真正合理，那麼你可以沒有壓力、不需店鋪、不需人事管銷費用就可以開始經營你的生意！

筆者深深感覺：

傳銷很美！只是經營者的心不一定美！

傳銷很強！只是經營的商品不一定強！

傳銷很賺！只是獎金結構不一定亮麗！

想要經營一份事業，你可以選擇任何一種方式！只是傳銷確實可以減少你的負擔、增加你的投資報酬率！

如果你想經營傳銷，首先必須慎選「人格無疑、財務健全的經營者」，否則最後無奈無人理！

然後必須選擇「強而有力的商品」，如此再推動市場時，才能具備說服力！否則大家都有的東西，為何要向你買？難道只是人情壓力？若是！那將很難延續！

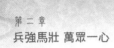
獎金結構的分析很重要，如何用最少的業績獲得最大的利益，這些傳銷前輩們應該都非常清楚！但是，必須切記——高獲利的背後是否只是一場騙局？

如此看來，一家傳銷公司的背景確實重要，財務有問題的公司如何能夠讓你放心衝業績？

慎選了這一切，就請你開始展現你的執行力，你會發現傳銷的世界真的很美麗！

踏出第一步就是——行銷你自己！拓展人際！而非讓自己親手毀了過去幾十年親情、友情的累積！

組織行銷之道不離商道，想要跳脫根本的框架與束縛，就必須提升自己的能力與格局。

經營的是口碑，賺取的是人心，

散發源遠流長的大商的味道！

是非

我們經常聽到很多人說心情不好、心情不美麗。其實，說完之後心情並不會比較好，並且更加糟糕。

如果能將自己的情緒轉移在有目標有意義的忙碌，將會稀釋原本的不舒適。因為，在如此競爭的時代，豈有時間心情不好。

我沒時間心情不好。你很閒嗎？

與其浪費時間在回顧過去的挫折，不如將時間花在面對接下來的挑戰、研擬正確的方法、確實執行，這便將會沉澱了過去的失落，清澈了當下的快樂。

有人說不要在是非八卦裡攪和……，是的！這是毫無意義的浪費生命。但，說這話的人是否也檢視了自己有無進入了是非的浪潮、八卦的漩渦。

當我們做不到的事，請不要特別要求夥伴。因為，嚴以待人、寬以律己，這是多麼可笑的事。

想要說話有力道，必須自己先做到。

靜坐常思己過，閒談勿論人非。我們總是張開眼往外看著別人，卻忘記閉上雙眼向內看著自己，評論著別人的「是」，

漠視了自己的「非」。

我們忘了給自己與他人一些進步的空間，永遠只給自己六十分，給別人八十分。**允許自己並不完美，同意別人有一些缺點，因為這將是大自然中永遠存在的變化。**

一百分的呈現就是壓力的開始，滿分的成果更是退步的起頭，極度的喧嘩之後就是寂寥的另一端，這便是高處不勝寒的真相。

沒有最好，只有更好。我們要期許自己，不是苛責別人。因此「是非」似乎只是現況的假象，昨「非」今卻「是」，今「是」明卻「非」，一切並非那麼的絕對。極端的「是」卻已萌發著些許的「非」，過度的「非」也隱藏著丁點的「是」，這是無極生太極，太極分兩儀，兩儀生四象，這便是大自然的循環道理。

我們不該把話說死，因為這將讓自己毫無退路。我們不該把言語道絕，因為這將是自打嘴巴的必然。

不論我們的人生歲月有多少歷練，不論我們有多少的成就，不論我們身在掌握了多少權力的位階，我們不能忘記給自己與週遭的人事物一些轉身的空間與時間，這是一種原諒的慈悲，更是一種放過自己的智慧。

商場上，合作是大成功的必經歷程，我們不可能永遠只

靠自己。在很多的環節中我們必然需要夥伴朋友的協助，多一個朋友就是少一個敵人，當敵人少了，阻礙就少了。正邪之間亦然，只能讚嘆。

但，生命中、奮鬥的過程中，在商場上我們不論閒言閒語的小是小非，卻有千古不變的大是大非，我們若連如此大是大非的判斷力都沒有，那麼我們不配稱為一個人。

我們究竟是紮實的人身人心人性，還是我們只是空有人身的衣冠禽獸。

當我們假道義之名，卻小鼻子小眼睛地看待為我們奉獻付出的夥伴，狡兔死走狗烹，鳥獸盡良弓藏，打下江山斬功臣，這便將開始醞釀革命的種子，因為這是人神共憤的非人行徑。

我們無法期待夥伴盡是真君子，但我們寧可與真小人合作，卻不願與偽君子為伍，因為偽君子將藉由各種陰險的方式，謀求其最大利益，滿口仁義道德，卻毫無格局可言。當合作的果實呈現，卻也是讓我們自己陷於絕境之際。

張開雙眼細細端倪您週遭的一切，看的精緻、聽的細膩、用你的五感六覺全面感受，那麼您所經過內心深處思維的分析圖，將是與合作夥伴應對進退的判斷準則。

打開心眼從外而內地檢視自己的每一個分寸，您將更能

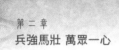

知己知彼，因為當我們尚未了解自己，就無法明白融入外界的運作方式。

如同本身的特質是親水基，豈能與疏水而親油的夥伴合作無間呢？因為這當中的表面張力是勉強不來的，除非出現了介面活性劑一般的元素，便能破壞原本格格不入的互斥感。讓兩造完全不同的夥伴，乳化成具備穿透力的奈米級團隊。

看到這裡，您是否已經明白什麼是是非？

是非只是陰陽交錯的大自然。

明白之便可善用之。商道亦然！

信任

2015 的春雷乍響是在 2 月 24 日凌晨 3：35，這樣的一響就是告訴我們：春天真的來了！

春夏秋冬的交替，如同韋瓦第的四季小提琴協奏曲，各有其迷人的樣貌。然而最多人喜歡的必是春季，因為雖然沒有夏季的繁華茂盛、雖然沒有秋季的多情美感、雖然沒有冬季的沉靜淡定，春天卻有如旭日東昇般的希望無窮。

春是綠意的起頭、春是戀愛的開始、春是生命的緣起……，信任如春！一切合作就如同萬物的相處，只有信任的開啟才有共事的可能；只有信任的萌芽，才會有共創未來的春天。

信任，就是人際關係真正交會的春雷！愛的雨露！

您想過您是怎麼開車的嗎？如果您過度用大腦判斷來開車，那麼您的開車技術必然尚未純熟。

因此，所有熟悉開車過程的朋友都可以想想，其實我們大多都是用潛意識開車的。

人際關係的交流在未建立信任關係的過程中，我們會花比較多的腦力判斷，所以理性當中會產生很多自我設限的屏

障，因此合作的深入是很難發生的預期。

為何透過口耳相傳的口碑宣揚，合作卻容易發生許多？只因為間接性的信任度已先撤除掉了第一道大門的圍牆。

當人們開始有了信任，開始大腦的工作就會慢慢開始交給潛意識運作，而當完全的信任感產生時，合作就會變得輕鬆愉悅，充滿感動與歡樂。因為，已經不必再透過大腦辛苦的判斷了。

信任必須了解、了解必須深入。沒有深入了解的過程，信任就如同泡沫，在鄧紫棋的經典自創歌曲〈泡沫〉中，隱約可以看見原來信任是一種感覺，也是一種選擇；原來信任是那麼的美，也可能是謊言包裝後結果；原來信任來自承諾，原來信任很可能只是個美麗的泡沫。

〈泡沫〉這首歌，詞美、旋律美、鄧紫棋唱得更美。最重要的是這首歌雖然談的是愛情，卻也是人與人合作必須警惕的重要寫照。

合作如同戀愛，合作的泡沫不怕破，就怕沒有繼續吹出新泡沫的熱絡。合作不怕產生灰燼的花火，就怕沒有繼續點燃下一場花火的信賴感受。

深怕：
再美的花朵，盛開過就凋落，

再亮眼的星，一閃過就墜落。

唯有「信守承諾」才能讓信任後的一切不再失落！

競爭

只有合作沒有競爭的團隊，那是多麼美好的事！但，可能嗎？

即使整個團隊的每一位成員產業都不相衝突，團隊內就能只有合作、沒有競爭嗎？

不！這是欺騙自己也欺騙別人的口號。因為這是如同柏拉圖理想國的渴望，如同陶淵明桃花源的奢求！為什麼？因為忽略了很多細微性的人性關鍵。

這必須團隊內的每個成員都：

a. 頂級專業

b. 服務到位

c. 禁得起批評指教

d. 都有感恩的心

e. 在批評指教的過程中虛心上進

假設您有一個房屋裝修的案子要找設計師，請問您會找您原本就熟識的設計師，還是找團隊內口碑並不好或者您並不是很能確定服務品質的設計師呢？我想答案很清楚……

這不是競爭嗎？但這樣的競爭不對嗎？建立團隊的口碑就是必須不斷要求成員服務品質的競爭力，只有自己願競爭，才能不怕被競爭。

對於夥伴千萬不要護短、不要縱容，因為慈母肯定多敗兒。

既然要建立口碑，那就是服務品質不怕被競爭，而在與團隊外的隱藏勢力競爭中被擊敗了，必須自己要檢討。

團隊中的相挺必須是理性高過感性，否則最後傷了自己、傷了團隊也傷了對方。

有人會認為，團隊與團隊間不必太過互動，因為會產生不必要的負面效應。這真是掩耳盜鈴的鴕鳥心態！

團隊內的合作叫異業串聯，

團隊間的互動可以是同業並聯。

這樣的交錯所產生的花火，有時會產生更大的效應。團隊與團隊間的良性競爭與交流，更能彼此激勵。在資訊與通訊爆炸的時代，團隊間的交流是互相學習成長的機會，就像很多同業之間都會互相模仿、力求進步、力求超越，這是很健康的行動。千萬不要刻意設下拒馬，依舊擋不住彼此想要相互穿越的洪流。

競爭不是壞事，有時反而是前進的動力。

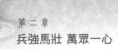
只要設定好保護機制與遊戲規則，系統自然有因應之道
面對不該發生的，加碼可以發生的一切。

有句話說：「所有的發生都是最好的發生！」

刻意掩埋的發生，反倒會激起好奇心與叛逆性，這在運
作組織的過程中是一種很沒智慧的行為。

競爭會激起戰鬥力，反而會產生莫名的好勝心，這在團
隊之中的發展有百利而無一害。否則為何系統內會舉辦各種
競賽呢？又幹嘛刻意表揚呢？獎狀、獎章、獎牌、獎座目的
為何？不就是為了如此的結果嗎？

「競爭」是加速器，主事者應「樂觀其成」！

存在

在團隊裡，我是其中一員，我該如何存在？難道搶功、邀功、特異獨行、搶盡風頭，才能證明自己的存在價值嗎？

在團隊與團隊間的競爭中，團隊又該如何存在？難道只能是成敗論英雄的殘酷廝殺嗎？

其實不盡然，個人的價值當然重要，並且以深度、廣度的能力展現，高度的能見度就自然發生。

團隊的壯大是團隊本身的基本功，因為沒有人希望自己的團隊永遠弱小。就像移民的選擇，絕不會讓自己從一個強國移民到弱國。

並且團隊間當有相當的共識也能夠深入合作，讓多艘勇猛的戰艦組成一群更強大的艦隊。

這樣的團隊法則，在國家、企業、球隊、社團、各種組織都適用。

建構團隊時，成員的吸納非常重要。就像美國職業籃球 NBA 與美國職業棒球 MLB 總是在世界各個角落找尋優質的夥伴加入，並且經常是重金網羅。

因此只要符合團隊的嚴格要求，就不該有任何偏見。

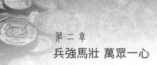

「沒有不對的人，只有不願意融入的成員。」

各種組織的目的不同、狀態不同、任務不同，因此各種要求也不會相同。

當一個團隊壯大之後，其實更加壯大已是必然。但是，不要為了只是留下外在龐大的假象，更需要紮實成員的壯大，百員精兵卻也勝過成千上萬的老弱殘卒。

因此，當團隊在制定好確定的方向與目標之後，不斷招兵買馬，並且給予持續的教育訓練，將讓團隊日益精壯。

當有夥伴不認同，了解原因後便給予祝福，不浪費時間慰留任何人。因為心不在了，就不會有熱情了！沒了熱情，也就不再會有貢獻度了。

我該如何存在？

在團隊中，我付出所以存在！

在團隊間，我壯大所以存在！

存在就是奉獻！

第三章

合縱連橫 領袖魅力

- ·領導自己
- ·領導就像水滴
- ·任期制的領導
- ·瓶蓋與壓力鍋
- ·組織與制度

- ·領導從 1 開始
- ·感恩式領導
- ·工具 資源 支援
- ·文化
- ·有效會議

領導自己

大部分的人都希望領導別人，卻忘了不論是在家庭、學校、企業、國家，所有你必須要先學習領導的對象就是自己！

領導自己的思維、領導自己的行為，當你能夠確實**領導自己的思維與行為之後**，你才開始真正具備領導他人的能力。

否則你的領導力，經常只是**來自被賦予的權利**，而非真實擁有的能力！

言教不如身教，這句話不只適用於家庭、學校、企業，當然也適用於國家。

為人父母者的家庭領導必須以身作則，因為你的子女八成都會有樣學樣！

為人師表者的教育領導必須**身體力行**，否則學生將只會視你為教匠而非老師，傳道、授業、解惑，千萬不要讓學生太迷惑！

企業的領導更必須以策略執行力親身表率，否則你的夥伴將會對遇到你這老闆、主管、同事而懊惱，團隊戰鬥力也

將因此而茫然！

國家領導距離我們太遠，卻影響我們生計甚大，因為大環境的興衰不都在國家領導的身上嗎？

如果不在他們這些高官顯要的身上，那我們選舉幹嘛？也何必在選舉時，這些人都有那麼多聲嘶力竭的保證？卻在選上後卻有表示他們有多少困境與無奈？

家庭領導人，我們無法選擇；學校的教育領導人，我們不容易選擇；企業的領導人，我們良禽擇木而棲；國家社會的領導人呢？都是大家投票比賽之後的結果。

投票之後，我們多麼希望這些少數服從多數的國家社會領導人能夠親民愛民、嚴以律己、也律自己的家人與團隊，因為這本來就是投身政治後的不歸路！千萬不要都是——講出來嚇死人、做出來笑死人！

越具備影響力的領導者，越必須謹慎領導自己。不只要領導自己的思維與行為，更必須領導自己的言語！

因為你所說的每一句話、每一個字都必須經得起媒體、群眾、國際的檢視。

修身、齊家、治國、平天下，此乃千古明訓！如果說你懂得平天下、懂得治國，卻無法齊家、更不懂得修身！那麼這究竟是選民的錯，還是古人的錯？

領導從 1 開始

有 1 就有 2，有了 2 就有團隊，有了團隊就有競爭、比較、分別，因此領導從 2 開始──對不對？看起來好像對，其實大錯特錯！領導從 1 開始！

大部分的人都想領導別人，都希望別人聽自己的，但是所有的事情如果連自己都沒辦法說服自己，那麼如何說服別人呢？因此，領導別人前先領導自己，說服別人前先說服自己！

自己就是自己第一個領導的對象，因此領導從 1 開始！**只要有兩個人就會有派系，因此這個世界本來就是紛爭的世界，只是因為分享而合作，因為合作而和諧。**

當兩個個體具有共同的目標時，其實這並不是合作的開始！而是爭奪的起步！

因為合作來自分享而非目標，而當兩者具有分享目標成果的共識時，合作才真正啟動！

以你的智慧應該可以理解以上的論述吧！這一切應該不會是抽象的！因此領導談何容易？

領導從自己開始，領導自己應該很容易吧？其實並不容

易！在善惡之間、在取捨之間、在選擇與決策的當下，你應該聽過內心的交戰。

多少人無法控制自己的行為，因為無法控自己的思緒。多少人無法控制自己的情緒，也因無法控自己的思緒。原來自己是那麼的難以領導！

人們給自己太多的藉口，那就是不希望被自己的決心所領導。人們讓自己**怠惰**，因為並不希望被自己的**積極**所領導。人們讓自己**犯罪**，因為並不希望被自己的**規範**所領導。

人們讓自己**貪婪**，因為並不希望被自己的**勤儉**所領導。人們讓自己**衝動**，因為並不希望被自己的**穩健**所領導。人們讓自己**做得太多會讓自己後悔的事**，就因為並不希望被自己的**智慧**所領導！

減少自己的變數，就是讓自己成為真正的 1。讓自己成為真正的 1，就是訓練自己領導能力最重要的一課！

領導就像水滴

有人說領導像雄鷹，傲視群雄。

有人說領導像山峰，至高無上。

有人說領導像火車，勇往直前。

我卻說領導像水滴，慢慢擴散，企業管理領導統御的書籍夠多了，筆者何必再寫這一篇呢？書是很多了！但是，你看懂了多少？經驗是很多了，都是別人的！

成功者的領導哲學可以成就在成功者的身上，但是能夠也在你的身上應驗嗎？

大環境、時代背景、人格特質、領導對象…統統不一樣，你能一味效法嗎？

當然，想要成為一個成功的領導者，你必須考量當下的各種因素，才能夠確認該用哪一種方法當作你的領導手段！

領導是一種觀念、領導是一種行為、領導更是一種現象，因為領導經常只是一個過程！

但是，要如何讓這個過程美麗、而造就燦爛的結果，

那就必須仰賴你的智慧了！

領導就像水滴，當水滴下的瞬間就一定能夠產生效果，對嗎？你會說能夠產生波動啊！是嗎？

如果你滴在玻璃上，你所得到的結果就是附著與散開。如果你滴在乾涸的泥地，你可能看到了大地的潤濕。如果你滴在沙堆中，你可能什麼都看不到了！

因此領導的對象重不重要？

不同的對象肯定要用不同的方法，否則絕局恐怕總是讓你大失所望，當對象正確了，方法對應上了，這時候，領導才能夠真正開始產生效益，就像水滴滴入了水，才能產生波動、慢慢擴散。

但是對象對了，時間點卻不適當，這也會讓人空忙一場。水滴滴在流動的水中，波動你看得到嗎？水滴滴在海浪中，你又能看到什麼？水滴只有滴在平靜的水中才會有波動。

看到這裡，你悟得了什麼？**領導的方法正確後，關鍵就在對象與時機！**有人說領導一定要靠影響力。是的！影響力就是水滴，對象不對，影響得來嗎？時機不對，能影響誰？

感恩式的領導

烏鴉尚知反哺報恩。人之所以為人,更應知感恩乃天性之必然。但,感恩不該是看待對別人的要求。

當我們協助了、付出了,其實我們經常必須忘了,而不是期待被感恩的回報。因為付出的當下,已然獲得。**能夠付出就是福報。付出一瞬間,成就已永恆。**

當我們被幫助了、受惠了,我們必將知恩圖報、適時回饋,而不是去計算誰對誰的付出比較多。

幫助是種籽而非期待,當付出變成是習慣,收穫也將自然而來。

我們經常看到拜拜的供桌上,擺置個幾樣供品,卻是念念有詞地長篇大論之祈求,從家庭安康到事業興盛,從父母子女求到外公外婆,彷彿期待神明可以如同魔術師將這般的小小成本變化成大大利益,這是奢望、這是貪婪、更是無知。

感恩是一種文化,因此領導人更應該懂得以身作則的帶頭感恩,而不是只要求夥伴必須建立感恩的心念與行動,卻讓自己只如同局外人般地坐收漁翁之利。

當團隊共同付出之後所造就的成績，已然將領導人的聲望推向高峰，那麼領導人更必須以謙卑的心感恩努力付出的每一個團隊的人。

領導人不懂感恩，想要建立感恩文化的團隊，那根本就是緣木求魚、癡人說夢。我們看到了太多血淋淋的歷史，層出不窮、不斷上演。甚至更是此刻身邊的現在進行式。

領導人不能得了便宜還賣乖，這將讓追隨者失望、遺憾、唾棄。

領導人必須落實感恩每一位參與者，因為參與就是付出，付出才能真實的存在。

沒有曾經前仆後繼的參與者，哪來焠煉形成而今的果實？

沒有一股熱力瘋狂的渲染與凝聚，哪來色彩繽紛的炫麗奪目。刺眼與亮眼的拿捏只在一線之隔，但努力綻放時的光芒絕對是引爆成就的先鋒部隊。

領導人要感恩第一線為你賣命的夥伴，他們需要的是激勵、是鼓舞，而不是似是而非的官方理論。衝鋒陷陣的是他們、為愛捐軀的是他們、一將功成萬骨枯的也是他們，但若最後連一個尊敬的掌聲都沒有，你說誰不心寒？誰不怨懟？

領導人必須塑造的願景是踏實的，而不是泡沫式的夢境，不只不堪一擊，根本一碰就破。

領導是一種感恩式的引導，領導是一種感動式的輔導，領導不再是高高在上的妖言惑眾，領導所說的話請「自己做到」。

不是給自己一直找藉口，不是教人不要搞是非，卻運作權謀，不是教人感恩卻自己恩將仇報。不是在各種場合中挑撥離間，因為這樣的結局可以預見，因為怎麼來，怎麼去。

感恩不是只有下對上，更是上對下。感恩不是只有收穫者對付出者，更是付出者與收穫者的相互鼓勵與扶持。感恩的文化必須從上到下的全然發心，更是內外一致的真誠。

感恩式的領導才能造就感恩的文化與團隊，領導人不只是任期一滿就會產生變動的領導團隊，而是恆久不變的實權主導人，這些主導人事變動與制度變化的關鍵人才是真正的火車頭。

上行下效，上頭不放心、下頭不用心。不要說一套做一套，這樣將愧對團隊成員，這樣將浪費團隊時間，這樣將讓團隊無所適從。

任期制的領導

　　過去威權時代，領導是沒有任期制的。

　　中華民族的黃帝、堯、舜禪讓傳承卻也沒有維持太久的時間，接下來的君主統制卻又回到了動物間的領袖世襲。不論是王或皇帝，古今中外的真相都是既得利益者的私心遺產。

　　權與利的掌握者只有在改朝換代時才能真正重新洗牌，但這樣權力變化也只是從一人變成在另一人的手中，並沒有真正跳脫封建接班。

　　人們若對現狀不滿就會有所謂的揭竿起義，當然也有順勢的爭權奪利。但是更經常的是，可共患難不可共享福的奪權過程，巧立名目為天命為蒼生，為的卻只是自己。

　　在民主之後，還權於民的時代，才有選舉的任期，而這樣的選舉概念也衍生在很多的組織團體。倘若有權力投票者都能選賢與能而造就有能者居其位的結果，這將造就團隊任期內的榮景。

　　企業裡若是獨資，那麼不用選，決策者必然永遠是老闆，一言堂將是難以逃脫的必然。若是合資，或已經上櫃上市，董事會的選舉卻也能夠產生比較民主的結果。只要是選舉產

生的領袖，那麼就有任期的問題。

在這個時代，所有的社團組織都是有任期的領導模式，因此不管選真的選假的，至少都有選擇的機會與變化於其中。

而各團隊的領導都有任期，若領導不全然可以是團隊成員所決定，那麼矛盾就會開始產生。反之，對於團隊的凝聚肯定有加分的效果，因為這是多數人的共同選擇。

既然領導有時間限制，有能者居其位，請在任期內盡情發揮，不論任期是多久，這都是與時間賽跑、限時展現的一種機會，豈能不珍惜？

領導需要做的就是做好每一個穩健團隊、壯大團隊的所有相關事宜。領導不可上下交相賊，必須為團隊整體利益而全力奉獻。

領導不適合連任，難道團隊已經沒有人才？不論你的能力再強，多麼被支持，多麼被擁戴，都必須懂得急流勇退，讓後輩能有磨練、發揮、奉獻的機會。不斷培育新接班人，這個團隊才能生生不息、蓬勃發展。

如果您是領導，

請告訴夥伴：我將用生命經營這會期！

請告訴自己：使命必達！

如果您是團隊的一員，

請同步告訴夥伴與自己：讓我們一起全力配合領導，前進成功的方向，一起用生命經營團隊的未來。

如此上下一心同步用生命經營的團隊，如何不強？

我們不是外星種族，也不是虛擬的物種，但團隊若如同電影變形金剛般的靈活、正義與團結，那此戰何患不勝？

《變形金剛》博派領袖「柯博文」總在關鍵時刻做出關鍵的決定與作為，奪下了每一次的勝利！

我特別喜歡片尾這一段，柯博文說：

我們的種族，因為被遺忘的過去而走到一起，齊心協力面對未來！

我是柯博文，在此向宇宙發出訊息，讓這段歷史留傳下去，我們擁有珍貴的記憶，生生不息！

工具 資源 支援

工欲善其事，必先利其器。

如同要泡一壺好茶，必有適當的茶具。

高山茶要用陶壺，花茶要用瓷壺，輕烘培、重發酵也都需要考慮陶壺的毛細孔。沒有恰如其分的茶具，體驗不出茶湯的靈魂。

團隊若要壯大，必先建構團隊可用之工具。

網路通訊時代，團隊的網站是最根本的基礎動作，輕輕的在文宣上出現，巧巧的在衣服上亮相，不斷烙印在有緣者的心中。

團隊若有歌曲，表示除了理性的戰鬥力，更有感性的揉合力。

團隊若有團體服，表示除了整體的認同度，更有視覺品牌的一致性。

團隊若如同一個品牌，用心經營之，便將讓團隊從商標變成名牌。

而這些歌曲、網站、文宣、團體服、品牌都是團隊的工具。

擁有之，團隊的產值與附加價值就將扶搖直上、不斷攀升。

當工具準備好了，就是凝聚資源、尋求支援的時刻到來。

工具本身就是團隊資源，工具本質就是為了支援團隊。

很多人是為了資源而聚在一起，卻忘了彼此支援。很多人希望擁有夥伴的支援，卻忘了自己也應該提供資源。

資源是名詞，沒有善用，就沒有生命力。

支援是動詞，沒有行動，就沒有結果。

付出就是支援，收穫是被支援。

付出是釋放自己的資源，收穫是善用團隊的資源。

擁有彼此資源卻不善加互相支援，這就是違背大自然的法則，違背因果定律，違背了我們參與，壯大團隊的初衷。

團隊的壯大是實質的狀態還是虛幻的假象，只看資源與支援，便可一目了然。

瓶蓋與壓力鍋

在接任 BNI 長興第十三屆主席之前，有一位長官問我：「長興現在有什麼瓶頸？」

我回答：「長興沒有瓶頸，只有瓶蓋。」

因此這本書在集結的過程中，感謝情義贊助者為我們製作了一批「開瓶器」送給了參與我們的夥伴。因為，生命的成就與否，阻礙的絕對不是瓶頸，而是瓶蓋。因為，**只有衝不過的瓶蓋，沒有衝不出的瓶頸。**

瓶蓋是什麼？瓶蓋是一種錯誤的思維，由其是「錯在不自知」卻又「自以為是」的「自我感覺良好」。

若是瓶蓋是我們自己的思維，那麼只要調整自己，自我重建，就不至於會「阻礙自我成長」。

但若瓶蓋是在上級的思考模式，那麼就會變得棘手，因為沒有人能勉強任何人該如何思考，更沒有誰能真正控制他人的思緒。但「上下無交集，左右便失措。」所以一個團隊若想要順暢地朝向目標前進，需要從上到下、從左至右、萬眾一心的全方位共識。而這共識絕對不能是表裡不一的虛晃一招，關鍵領導人務必謹記。

人生擁有願景與目標是活著的動力，經常會遇到一些考驗，總需要一些歷練。不必怕失敗，錯了重新再來，記取教訓，更新方法，只要不曾放棄，必然能衝過這考驗。而這考驗就是瓶頸。

有瓶頸，就是知道開口在哪裡，方向在哪裡，同時也知道困難與考驗在哪裡。這樣明確的目標，並沒有衝不過的道理。

倘若衝不過，必然是能量不足、方法不對。因此只要加大火候、調整方式，衝不過都是藉口。

瓶蓋就不同了，就像未打開的汽水瓶，任你怎麼努力都不會突破。除非打開瓶蓋，不然永遠沒有改變現況的機會。

瓶子、瓶蓋、內容物是一體的，是生命共同體。瓶子與瓶蓋是為了保護內容物，內容物的存在也凸顯了瓶子與瓶蓋的價值。

瓶子是地、瓶蓋是天，整體就是一個小宇宙，就是團隊所依存的空間，而內容物就是團隊。

當內容物不足時，輕輕搖晃瓶子就會響亮；當內容物飽滿時，努力震盪依舊不易發出聲音。

然而，內容物是否該出來透透氣、是否需要新的元素、展現新的生命力，完全看天「瓶蓋」是否願意打開一扇窗，

讓該進來的進來，讓該出去的出去。

否則如同壓力鍋一般，越是不透氣，反彈的壓力就越大。當進不去、出不來的狀態發生，鍋裡的內容物就會產生質變，對內產生分化的裂解，對外產生強大的爆炸力，而將整個既有的保護機制全然破壞。

我們看過汽水瓶引爆，因為當外在無法妨礙內在快速氧化的過程，不管是任何材質的容器，都將阻擋不了內在爆炸的威力。越是堅強的包材，爆炸的效果就越是驚人。所以當政者務必傾聽人民的聲音。

這就是各種炸彈的基本原理，而強烈引爆的關鍵更在內容物的組合元素。當裡面裝的是水，不會有什麼太可怕的結果；當裡面裝的是鈾，廣島與長崎就這樣留下了慘痛的代價。

當團隊的凝聚力與爆炸力開始產生，瓶頸必將隨時穿越，主事者只需將瓶蓋打開，如同香檳劇烈搖晃震盪後，衝出瓶口軟木塞的瞬間，就是眾人所共同期待的成就喜悅。

團隊與團隊間是應該要互相交流的，遊戲規則若不明確規範，卻疲於奔命圍堵團隊間的合作，自圓其說的謬論，將讓人覺得可笑至極。

只要交流方式明文刊布，大家便能有所依循，不要如同

口述憲法，每每都需要請大法官解釋，無所適從，勞民傷財。

口口聲聲的與人合作，如雷貫耳的彼此協助。當付出者得不到所謂的鼓勵，當主事者沒有信守協助的承諾，這就是違背天理。

瓶蓋不能自以為是天，不能一手遮天，必須知道天外有天。真理必須能越辯越明，而不是假道學、玩弄權謀、挑撥離間、搬弄是非、積非成是、虐殺功臣、殘害忠良，這最後將造成眾人皆輸、玉石俱焚的慘痛結局。

瓶蓋不開，智慧未明，就是造就壓力鍋的可預期效應。眼看高樓起、眼看宴賓客、眼看樓倒塌。

格局決定結局。要當香檳的瓶塞，還是汽水的瓶蓋，抑或是壓力鍋的鍋蓋，全然視主事者的智慧而定。

文化

思維影響行為，行為養成習慣，習慣造就文化。

一個文化的建立是需要一開始團隊的共識與決心加上持之以恆的毅力所養成的團隊共同習慣。

所以團隊文化可以說是團隊共同的習慣，
只是習慣的養成是先靠「大腦思維」，
養成之後的文化就是團隊每個成員的「潛意識行為」。

建構團隊共同的優質文化，就是從「大腦思維」進化到「潛意識行為」的「文化革命」。

文化革命從小事開始做起，從自己開始著手。如果我們有幸成為任何一個團隊的領導者，我們必須知道自己的所作所為都將影響大局，因為領導者的思維牽動著整個團隊的文化。

文化如果有標題那請明定列出、不斷宣導、身體力行。並且「身教多於言教」，而不是「身教取代言教」，因為「沒說怎知道，光說不做就是胡說八道」。因此言教身教都重要。

文化的標題必須簡單易記，例如「專業、速度、執行力」，

例如「感恩、感謝、感動」，例如「熱情、無我、利他」，例如「付出者收穫」。但最重要的是必須執行，執行必須領導者的帶動。

文化會形成一種氛圍，氛圍就會變成吸引力，吸引力就會成為無法抵擋的魅力，團隊自然壯大。

並且同頻共振，所吸引到的將會是同樣習性的成員，因為文化如同敲鐘，敲響此鐘他鐘鳴！

為何會鳴？就是因為頻率相同，透過空氣的聲波傳達，自然共鳴！

文化有時是無形的，有時又是有形的。

無形的是氣質、有形的是作為，而這內韻與外顯的文化，就是團隊「對內的凝聚力與對外的影響力」。

大商裡的每一個成員都各有其團隊，而這些團隊的文化建構歷程造就了每一個大商的成就，大商以其充分焠鍊過的能量齊聚一堂，孕育更偉大的團隊力量。

很多人想要改變世界，談何容易？我們能夠改變的其實只有自己！

很多人希望台灣被看見，但看見的是什麼？我們能夠努力的其實只有讓自己被看見時，呈現世界眼前值得驕傲的點點滴滴。

組織與制度

你的企業體組織有多少人？

如果只有你一人，不必有制度，因為你就是一切！

不會有人與你爭、不會有人與你吵，這種一人公司就是全世界最單純的企業組織。

一人公司就是個人工作室，雖然不必有制度，卻也不能沒有規範，因為那將會是怠惰的開始！也是失敗的起步！

因此，從此可見企業組織制度的重要了吧！

人性本散，沒有制度當標竿，沒有規章當框架，那麼隨時會亂成一團！

每個企業體的體質也各不相同，因此如法炮製別人的規章制度經常並不適用。

企業的發展有慢有快，當企業組織在成長、在變革的同時，規章制度也必須做適當的調整。就像一個國家每年不都會有一些新的條款、法令嗎？否則就完全不需要立法院的存在了！

組織的成型本來就是從一個人開始，由一個點變成一條

線然後形成一個面。

　　點線面就是組織，如果沒有規則，那又哪來的點線面，因此沒有制度根本無法形成組織！

　　你會說有很多人聚集在一起就是組織了啊！其實，那只能稱為一堆人！

　　一堆人沒有章法、隨意結合，那也將隨時散去！一堆人即使有了共同的目標，但是沒有約法三章，一樣亂七八糟，不會有達成目標的一天！

　　英明的領導人啊！你千萬不要想讓你的團隊依照潔身自愛、自動自發的精神來運作，那你真會敗得很慘！

　　制度為組織之母，人群為點，因為制度才讓點連成線，繼而展成面！

　　你的企業發展能否穩健，就看你的制度健不健全！當企業發展越久、越大、人越多，你的制度就要越細緻！

有效會議

　　會議管理的書籍你可能看過！但是看完這一篇並且確實去做，那麼你就能夠知道如何運作一個有效的會議了！身為領導人的你更不能不知道這當中的奧祕！

　　會議大家都開過，有人將會議時間當休息、有人當消遣、有人當困擾、有人當樂事、有人當節目，當然大部分的人都在應付⋯⋯

　　領導人，你知道嗎？當人們都有很多事情必須執行、必須準備、必須全力以赴時，如果經常有一些毫無意義的會議確實很煩人、更是浪費時間的事！

　　會議一定有目的、一定有主題。如果你想開會卻找不到主題、想不清楚目的，那麼我建議你取消這次的會議！

　　會議如果以時間性來分，有**例行性、專案性、機動性，**等三種！

　　例行性會議有時太過公式化，比較像檢討會，這樣的會議必須開（因為凝聚感情），但是不能太常開（因為浪費時間）！

　　專案性會議必須提早通知相關人員準備，並且請相關人

員於會前就先行討論，如此一來正式會議進行時，就可以快速下結論！

機動性會議可能必須分兩段進行，

第一段：集合後簡單說明，並請大家於目標時間內集思廣益。

第二段：快速切入主題，尋求共識的結論！

你會問年度計畫會議呢？其實這屬於專案性會議！

你又問一些臨時的說明會呢？這也屬於機動性會議！並且更省事，只需要一次集合、一次說明，還不需分成兩段！

你再問上課式的擴大會議呢？那是教育訓練，不是會議！

你還問例行性的會議能夠不浪費時間嗎？問得太好了！如果每一個單位都在平常就懂得即時性的溝通、研討，問題發生時就已經尋找良好的解決方式！

那麼每一次的例行性會議都將是**分享會而不是檢討會**！

想要真正產生有效的會議，依舊必須領導人親自率先養成這樣的習慣，讓所有的幹部、同仁都能夠共同形成這樣的企業文化，這是讓你的團隊提升效率的第一步！

因為無效的會議太多了……

第四章

創造歷史 豐盛富裕

打造白金

台灣第一個 BNI 白金分會，傳奇性的天下第一會，在 2012 年的 8 月 23 日之前只有 17 個成員。過去的一切，我不得而知⋯⋯

就在八二三砲戰紀念日的這天，許宏加入了 BNI 長興團隊，編號 18 號。當時台灣最大的團隊是四十幾人，長興被遠遠拋在後頭的。

寧為雞頭不為牛後，既然參加了團隊，就必須將團隊壯大，因為沒有人希望永遠與弱者為伍。

因此當時雖是新人的許宏卻也開始燃燒熱情，週週帶來賓，並且創造當時的紀錄，單次帶了十位來賓。如果這是一場遊戲，要玩就要玩真的。

2013 年的 1 月 15 日，長興辦了尾牙，就是許宏擔任主持人，這一場定名為「2013 長興白金誓師大會」，朝向完成白金分會的目標「50 人的團隊」，一位夥伴問我紅布條「2013 長興白金誓師大會」的 2013 能不能去除掉，至少那個 3 空白，否則明年不能用了。

許宏說：「今年就會完成目標，所以這張紅布條保證只會用一次。」

就在許宏燃燒著主持棒的這一夜，我們沸騰了每一位夥伴以及與會來賓「凝滯已久的熱血」。

當時長興只有 27 人，我們只用三個月的時間就完成了 50 人白金分會的目標。然後接著完成 60 人的超級白金分會。並且持續飆高到最高人數時 74 人。

這一項奇蹟開始帶動全台所有 BNI 分會「衝白金」的熱潮。

這份感動必須感謝一群人，就是當時存在長興的 74 個夥伴。因為一隻燕子成不了春天，如果不是大家同心協力跟著瘋狂的熱力共識就不會有當下的成果。

由其是長興當時歷屆主席「林桂如、吳忠德、洪美玫、謝輝霖、廖麗修、李忠憲」的熱情帶動，舊會員的堅持，新會員的狂熱，缺一不可。而這一個當下的共同存在就是貢獻！

因此在這兩年，**台灣的白金分會已經陸續遍地開花！**

為什麼？因為長興可以，你們也可以！

因為相信，所以可以！因為已經有了一個「平凡翻轉非凡」的完整示範。

但，創造歷史就只是歷史，團隊的守成著實不易，高峰點之後卻也將是往下掉的開始……

　　2014 年的一月，好幾位夥伴開始找我談長興的未來，希望我能出馬接任第十三屆的主席，扭轉一下如此的關鍵時刻，但我只輕輕的回應：「我正籌備建設新的化妝品廠、精油工廠，著實沒有時間擔任如此重要的角色。」

　　一位夥伴說：「難道你希望一年前好不容易熱情鼓舞營造出來的台灣第一個白金團隊就這樣消失了嗎？我，無言……」

　　在當時，我曾經低調過，曾經對上級的處理事情的模式失望過，因此我退出了第十一屆的幹部，不擔任小組長，退出了執事會，不參與任何團隊幹部的運作，除了忙碌外，整整低調了半年多，但我依舊是為團隊貢獻值最高的一員，因為我知道自己參與的目的是什麼。

　　經過好幾天的深思熟慮，我決定披上戰袍，為這歷史性的一刻奉獻心力。

　　第一個動作就是打電話給當時的主席李忠憲代書（第十二屆），並且前往拜訪，稟明我擔任當時下一屆主席的意願，也請李主席協助圓滿達陣。並且因應夥伴的要求寫下了擔任此要角的具體計畫，用 Line 傳給了長興每一個會員，包含執行董事。但整個過程，並沒有得到上級祝福，甚至更引起了滿城的風雨。

　　在大多數長興人支持的力量下，甚至有已將離開的夥伴

刻意留下，只為了投給許宏支持與肯定的一票，因此確實得到了最高票。在此再次表達對支持夥伴的感謝之意。

但，票數再高卻也必須是執行董事能夠首肯，投完票後經過了三週的等待，終於電話那頭傳來了執董的聲音：「許宏好！在大家的推舉下，由你擔任下一屆的主席，你可以嗎？」

我回應：「謝謝董事給予我付出的機會，許宏必然全力以赴。」

接下來，**我們用一週的時間建構了全新的領導團隊，設立了一個核心的群組「翅膀」，並且將領導團隊改名為服務團隊**，以服務為宗旨，不讓權力再迷失。

在 3 月 27 日，我們招開了閉鎖型會議，不邀來賓。簡單說這是一場凝聚與激勵整合的震撼教育。有人不適應，甚至有人當場放砲，卻在巧妙的圓融收尾下，讓這場就任前的交接大典圓滿落幕。

因為我們宣布了很多過去不曾規範的制度與運作的方式。對於部分的夥伴而言，確實是壓力很大的。

但我們堅持的方向卻堅持不變。這是創造此段奇蹟式歷史的重要關鍵。

只因為，我們必須「說到做到」！

天下第一會傳奇

真感情才有好文章，必走過才會有歷史。

在有印象的長興生涯裡，長興團隊為自己創造白金歷史為榮，總以身為長興人感到驕傲，但我們看不到自己的盲點。

在一夕間壯大了之後，我們似乎忘記了自己正快速老化，已成為一隻快沒戰鬥力的老鷹，不再有銳利的爪與喙，不再有精準的雙眼與判斷力，只剩飛翔在迷失光環中的隱型翅膀。

老鷹活到四十歲時爪子開始老化、喙又長又彎、羽毛濃密厚重，此刻面臨著痛苦重生及等死的選擇。

老鷹必須飛到懸崖築巢、撞擊山壁磨除長喙，以新長出來的喙一根根拔掉老爪甲，再以新爪拔掉老舊的羽毛。

經過了這一段危險、煎熬、痛苦、饑渴的五個月焠鍊，老鷹已煥然新生，再度遨遊天際三十年。

2014 年 3 月 27 日，交接典禮，我們以老鷹再生的影片重新啟動了長興人的鬥志，雖然這個故事只是個期勉世人的寓言，卻是長興人真實呈現的半年。

許宏宣誓：「**感謝大家給我這個服務的機會，我會用我的生命來經營這個會期，絕不辜負大家的期待。**」

初期，新的領導團隊是備受期待的，卻也是被質疑的，是不被祝福的，但我們清楚自己在做什麼，因為一切都有了標準的運作模式，並且皆已文字化。

當建構必須大家共同出資的工具與事物時，耗時費日的討論必然發生，因此我以個人獨資奉獻的模式在就任前便快速準備好了一切，長興之歌「飛翔」、長興專屬網站「http://www.fly999.com.tw」、長興團體 T 恤「展現整體氣勢、隨時廣告」、長興飛翔之杯「當成鼓舞付出者的獎杯」、天下第一會精油「讓團隊擁有共同的味道」。

長興人有了自己的形象與宣傳工具，團隊歌曲、團隊服裝、團隊裝飾、團隊用品、團隊味道、團隊網站、團隊 DM、團隊邀請卡、團隊賀卡、團隊文章、團隊案例，不斷分享、自然地引起注意力，並運用不用錢的工具：臉書、Line（被動式動態、主動式問候）持續廣告。

除了系統規範的基本架構外，我們建構了新組織新功能：

1. 長興文宣組：在各種節慶時設計文案與電子賀卡提供團隊宣傳運用。設計每週專題演講的文案與廣告 DM 廣邀來賓。設計網站、文宣與更新維護，以持續廣告長興與夥伴。是團隊的精神所在，更是團隊運作時的文化工作

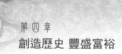

隊。

2. 長興影音組：拍照、攝影、音樂，運作每一次例會時都以最有活力的影音效果帶動現場氣氛。與主持人相互輝映，可謂會場靈魂。

3. 長興國際貿易組：當外國賓客來參訪時，語言是最重要的溝通基本條件，因此我們設有英語、日語的專人服務，以確保有朋自遠方來賓至如歸之感受。

4. 長興主席顧問團：經驗就是老師，因此我們將團隊內的歷屆主席設立一個群組，以利寶貴經驗之傳承，並於最洽當的時機提供最恰如其分的參考與建議。

5. 長興新成員輔導室：所有新人宣誓後在此群組輔導半年，讓新人順利得到任何疑問的正確解答，而非來自他方的錯誤資訊。

6. 長興查帳機制：任何組織皆有人專責處理帳務的問題，但帳務卻是最為敏感的地帶，因此由領導團隊共同監督並由主席確認簽核，便能杜絕任何弊端與夥伴不必要的疑慮。

我們另外又做了幾項新凝聚的作為

· 長興人合作共識基本規範

· 長興人申訴標準程序

- 長興兩 Line 群組運作模式

- 長興第十三屆服務團隊守則

- 長興第十三屆 Power team 運作模式

- 長興各種會議運作方針

- 長興會議記錄表

- 長興入會與續約審核規範

- 長興產業普查

- 長興人八大產業聯結

- 長興來賓登錄系統

- 長興來賓邀約文宣

- 長興形象文宣海報

「精減會議」更是一項革命性的措施，因為時間是所有商務人士最寶貴的成本。

在世界上很多組織中，太多的會議都是無意義、沒有結果的會議。如何讓會議有效而不浪費是非常重要的議題，因此我們將所有的會議簡化、並設會議記錄機制，將所有的會議都集中在例會當天早上運作完畢。

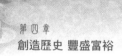
不再發生「會而不議、議而不決、決而不行、行而不果」的情形。讓時間花在刀口上！讓所有的時間可以被用來創造更大的產值。

我們設立了明確的目標，Fly999 就是達成 90 個會員數、每月 90 個來賓、每月 900 張引薦單。當然這是對所有人產生壓力的不可能任務。有人抱怨、有人竊竊私語、有人想離開了⋯⋯

但在這麼困難重重的狀態下，我們卻更清楚了自己的方向。因此給了團隊一個響徹雲霄的名字「**天下第一會**」。

日子一天天過去了，第一週的例會我們有三個新夥伴宣誓，這是第十二屆主席李忠憲代書送給這一屆的禮物。接下來的每週我們都有一堆來賓，每週都有人申請入會，每週都有人宣誓。但也有夥伴覺得壓力太大選擇離開了。

我與副主席「會員協調人」石佩可（道明牙醫診所執行長）達成了共識，我們本屆執事會最重要的就是，快速而精準的審核新會員，而非花太多時間挽留心已不在的夥伴，確認想要離開的原因後，我們只有四個字「給予祝福」。

天下第一會是團隊奉獻共同努力的結果，如果說天下第一會，許宏有了任何一丁點的成就，最感謝的就是當時與我並肩作戰全力相挺的副主席石佩可。

當年度大會頒獎時，長興獲得了年度全台雙料冠軍，講台上的激動無法言喻。天下第一會為何是天下第一會？因為我們敢說、我們敢做、而且我們做到了。

這個會期我們進了三十個新夥伴，注入了新血，造就了新希望，成功穩定住了團隊的氣勢。這是一個大團隊並不容易達成的目標，天下第一會辦到了！再度寫下歷史。

付出者收穫，奉獻必須被表揚，製作了一百面獎牌，名為「**翅膀獎**」，這不是巧立名目的激勵，而是因為這些夥伴的奉獻，團隊才得以成長、壯大、奪標！長興這隻大老鷹才得以再度飛翔。

生命經營的承諾 327-925，我們完美落幕，功成身退！而當初服務團隊立下了最重要的服務方針就是「**24H 必回覆**」，讓任何夥伴的任何問題得以在第一時間解決。

在將責任卸下的當下，我告訴夥伴此刻的興奮，因為「我終於可以不必整天抱著手機了」。

2014 年 9 月 25 日，第十三屆與第十四屆的交接大典「1314 一生一世」，許宏將領導團隊的使命，完整傳承給蕭志鴻主席「佳暘眼鏡總經理」。

我們授旗、我們傳衣缽、我們續傳精神獎盃「歷年來獲得的重要獎項」。讓長興的榮耀源遠流傳，再造高峰！因為

我們留下了共同美好的回憶！因為用生命奮鬥過，所以不可能會忘記！

許宏給了長興夥伴的卸任感謝詞：

今天你有多少錢不重要，而是明天你還能賺多少錢。今天長興有多少人不重要，而是明天你還能吸引多少人。

我們不勉強留下任何人，願意合作的，自然會是留下來的人，盼望下一次的交接大典各位都還在。

存在即是貢獻，感恩各位的堅持，沒有放棄你我共同的團隊。

我們不斷培養接班人，生生不息！長江後浪推前浪，前浪沙灘曬太陽，一棒接一棒，各個皆強棒！

付出即是收穫，過程即是享受。

成功的團隊沒有非誰不可，團隊的成就是所有人共同擁有的。

謝謝所有曾經奉獻的夥伴，謝謝三十位新加入的生力軍，謝謝此刻依舊堅持存在的夥伴！

天下第一會！ BNI 長興超級白金冠軍團隊！我愛你！謝謝！

飛翔

詞曲：許宏

你我來自何方　是不是已經遺忘

漂流的靈魂　何處是我們的方向

鳥兒不是因為　翅膀而飛翔

而是因為想飛　所以有了翅膀

我們為了夢想　迷失在穹蒼

忘了站上雲端　再向遠處眺望

如今我們齊聚　在這個長興殿堂

凝聚所有能量　一起展翅飛翔

歌詞：**你我來自何方　是不是已經遺忘**

　　　漂流的靈魂　何處是我們的方向

解析：每個人有每個人的故事，有人歷盡艱辛，有人平
　　　步青雲，但我們並非為過去告解懺悔而到了這裡。
　　　我們總有我們的夢想，只是尚未找到圓夢更好的

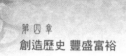
方法與機會。

歌詞：鳥兒不是因為　翅膀而飛翔

而是因為想飛　所以有了翅膀

解析：我們並不是因為聚在一起才追求夢想，而是我們有著共同的夢，才聚在一起。

歌詞：我們為了夢想　迷失在穹蒼

忘了站上雲端　再向遠處眺望

解析：我們總是汲汲營營為著理想而努力，卻常常因為挫折而失去了鬥志。忘了提升自己的高度、加大自己的寬度、擴充自己的視野、強化自己的能力。

歌詞：如今我們齊聚　在這個長興殿堂

凝聚所有能量　一起展翅飛翔

解析：現在我們一起在這個長興團隊裡，我們有共同的願景，我們有共同的希望，我們當然必須融合彼此的資源與支援，如同群雁齊飛一般，展開我們的翅膀，以最有效益的方式，飛向我們所想到達的每一個地方。

　　這首〈飛翔〉是許宏在加入長興之後的三個月寫的歌，這首就是長興的會歌，已經傳唱了兩年多，經歷了三次長興

的尾牙。

我們必須記得為何要參加這個組織，我們必須切記為何要奉獻心力在這個團隊。

只因為我們相信：「團隊的合作才會有更偉大的未來，而不是只安於現狀的原地踏步。」

在台灣，「不景氣」這三個字，十多年來已經陪我們度過過兩屆連任的總統，而政府的展現也只是不斷讓人民更加失落。但，我們其實從來不敢期待我們選出的人物能真正為我們做些什麼。

走上街頭、抗議不滿、絕食表態、要求道歉、強逼下台……，這些戲碼，每一年、每一陣子都會不斷重複上演著。我們不禁要問，有用嗎？

病死豬、禽流感、三聚氰胺、塑化劑、起雲劑、地溝油、飼料油、工業油、毒湯頭……，所有不曾想過能吃的，全都已下肚。媒體狂熱的報導，造就了消費習性一次接著一次的緊縮，重創了 MIT 的國際形象。我們不禁要問，不會再有嗎？

我們累了，不是因為我們失望了！只因為我們知道：

貧脊的土壤長不出花木，只有雜草叢生。

發臭的溝渠生不出魚蝦，只有菌蟲瀰漫。

　　既然如此，我們是否該將時間、精神花在刀口上，別再做一些無意義的事，這是浪費生命、踐踏自己。

　　我們因為不曾放棄這塊土地，因此我們繼續努力。然而，工欲善其事，必先利其器，我們想要改變這一切，我們做的豈能只是「等待」？

　　我們必須踏出第一步，那就是合作，合作必須先釋出善意，因此我們選擇不求回報的付出，因為只有如此才能善用彼此的資源，互相支援。

　　我們必須彼此要求，讓我們的服務值得被口耳相傳，讓我們的服務對得起天地良心、對得起台灣這一塊土地以及生活在這片土地上的每一個人們。

成功者的人生態度

成功者的人生態度，就是用生命去經營，去歷練，去驗證自己所說的每一句話。

有人問我：擔任主席這半年的最大收穫是什麼？

我回答：**付出即是收穫、過程即是享受。**

在這半年，我堅持著、履行了每一件我所說出的每一項承諾。這半年的起承轉合，結局證實了這一段是成功了。

這一段的成功、再創造了歷史，卻不盡然是能夠再繼續發生在未來的每一項考驗。但，一次次的成功，終將會讓成功變成了慣性，如同**牛頓第一運動定律：慣性定律！靜者恆靜、動者恆做等速度運動！**

幾年前我回去淡大探望碩士班的恩師陳幹男教授（淡江大學前副校長）時，我問：「老師，這麼多年了，您好像還是很忙喔？」

老師笑答：「牛頓說忙者恆忙！這是慣性定律……」

師生兩眼對看、會心一笑！

是的！成功者的人生態度原來就是不斷練就成功的慣

161

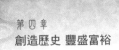
性！因為成功、失敗、平庸、傑出⋯⋯，無一不是慣性！當你不懂得將成功的慣性植入你的 DNA，其他雜七雜八的習性就會填滿你的軀體。

牛頓第二運動定律，有一作用力必產生一加速度。

F=ma（註：F ＝作用力，m ＝質量，a ＝加速度）

這指的便是當我們想要有超越原本慣性的卓越成就時，就必須從外而內再加上一作用力。

當你原本的成功度就很高時（m），你所需要加大的力量就必須更大，才能夠產生更大的加速度（a=F/m），而這 F（作用力）可以是學習力、可以是創造力、可以是自我要求的激勵、可以是改變的執行力、更可以是由內而外的付出力。

而這付出力必然產生收穫力，因為這又是**牛頓第三運動定律：有一作用力必產生一反作用力。**

因此付出才能擁有，付出心量的寬度，決定擁有的力度，心有多大，天下就有多大。

原來科學不但來自真理，科學更印證了真理；

原來牛頓不但是科學家，更是哲學家。

人云亦云似浮雲，未曾深究是迷信。所以成功的模式一定要自己實證，不要只是去背誦成功者的語錄，只是看，只

是說，只是分享。因為別人的經驗永遠都是別人的，你可以參考，可以少走冤枉路，但既然是路，就一定得自己親自走過。

以上以下都是筆者的成功語錄，是觀念也是方法，值得參考，更值得複製而執行之。

你認識誰不重要，重要的是如何讓人想認識你。

告訴你左邊，告訴你右邊，我就是你要找的貴人！告訴你上面，告訴你下面，我做的事保證對得起您們！

成功經常需要時間，但如果你只是「等待」，你就是浪費生命的失敗者。

這世間的一切本來就有，即使從無到有，都只是能量與物質轉化的過程，所以並沒有所謂的發明，只有發現。發現需要探索，探索必須執行力，只有執行力才是認真活過的生存痕跡。

當你成功了，你所說的廢話都會是金玉良言；

當你失敗了，你所說的金玉良言都會是廢話。

感動的人生就是曾經做過幾件事，感動了別人也感動了自己。

若有一件，值得回味！

若有兩件，不虛此生！

若有三件，流傳千古！

若是生生不息，必然驚天動地！

人人都希望心想事成，但要如何達到呢？如下運作，必然成就。

想你要的，說你要的，做你要的，結果就會是你要的！

你想成功嗎？ 全看你的「態度」！

發現 922

在「BNI長興超級白金冠軍團隊」擔任主席的那半年（2014/3/27～2014/9/25），每個月的MSP（成功會員培訓）我都會帶頭參加，因為我要讓每一位剛加入的新人都能得到最正確的啟發，不浪費自己的時間、不浪費自己的生命。

2014年9月22日，這一天是我卸任長興主席前的最後一次MSP，我向當區執董自告奮勇爭取擔任分享講師的機會，因為這是我唯一可以真正展現付出成果的機會。主題叫作關鍵時刻（為什麼要邀來賓？）。

頂著全台年度雙料冠軍團隊主席的光環，我沒有被拒絕這一次的展現。

雙料冠軍是：引進會員人數最多的分會冠軍、年度引薦總金額最多的團隊。

這是競賽的結果，不是被選出來的，因此只有客觀的結果，沒有主觀的選擇，因此無比榮耀。能在任內贏了這一場勝利，算是沒有對不起團隊的期待，也沒有辜負了自己的努力。

這一場的分享，應該是所有與會夥伴都將永難忘懷的一場精采演說，因為這是有史以來最具聳動性與刺激度的激勵

式分享。

為什麼我要講這一場？因為：

1. 我不能講，誰能講？

2. 此刻不講，何時講？

3. 我不講，誰會幫我講？

4. 我不講，誰能發現我所講？

整個過程精采萬分，這樣的歷史鏡頭，恐怕再也無法重演了！因為，**當下即是永恆**。

會後，一群人找我要名片，我卻在這當中已將整盒名片給了首次言語交會的黃心慧英文老師。因為我知道這一場就是為了讓兩個重量級付出者的花火交錯！

這是長興與長展兩大分會的第一次交鋒，在詼諧中隱藏著競爭，在幽默中激發著肯定。當然，有人刻意負面解讀，卻也有更多人正面熱情回應。這一場短短的二十分鐘演講已造成了震撼。

然而，慶幸的是黃心慧老師百分百的智慧，選擇親訪許宏，洽談可能合作的事宜。不誇張，我們當下就決定了合作，互為彼此的貴人，創造不可能的奇蹟，**這是我們第一次的感動**。

我們決定寫下我們第一本合作的書籍，就是本書，這是全台灣第一本同時以中英文雙語雙冊同步發行的台灣作家之原創著作品。

這是第一次台灣人以最堅定、最自信的口吻發行全世界的第一本書。因為我們雖然第一次正式交談，我們卻沒有絲毫對彼此、對目標的懷疑。

英雄惜英雄！只有真正的英雄才看得見英雄，英雄不是自立為王的孤寂，而是群聚合作的再戰下一局，共同奪得下一場更偉大的勝利。

「既生瑜何生亮」的瑜亮情結，恐怕只有當時的周瑜才有的感嘆。

真正的英雄必須懂得欣賞英雄，曹操的負面評價很多，但他的愛才之心，卻令人激賞。人中呂布，馬中赤兔。

曹操得赤兔馬贈關羽，關羽騎上赤兔，頭也沒回，過五關斬六將，尋劉備去。一代梟雄曹操大格局終得天下。

我們很快速的集結了三十幾位的夥伴共襄盛舉，因為黃心慧說做就做、毫不含糊、毫不扭捏，幾乎所有的夥伴都是一句話就決定了參與，而這些大部分的夥伴都是黃心慧所邀請，可見黃心慧為人之成功。**這是我們第二次的感動。**

情義相挺的過程讓兩人情同姊弟，不必多言已全然明白

彼此的心念，共識可說渾然天成。自此以姊弟相稱，全然的信任，全然的相挺。**這是我們第三次的感動。**

最後我們決定以《佛說 42 章經》為啟發，總共凝聚了 42 位大商，這是目標設定，也是天意使然。

並且在十二月底前已經完成了大部分的採訪與文章的撰寫。

2014即將結束，2015即將到來之際，跨年前夕晚上七點，姊姊打了電話來哽咽的說：「弟弟，我要告訴你，2014 年我最大的收穫就是認識你！」

我潰堤，因為這是多麼大的鼓舞！這是為團隊付出的這麼多的日子裡不曾獲得上級的肯定與感謝。卻是從剛認識沒多久的合作夥伴口中說出，教人如何不激動。**這是我們第四次的感動。**

我感動！我感恩！所以我行動！沒有 922，沒有這本書，感謝 922 的「發現」！

錢

我們都聽過「勿以善小而不為，勿以惡小而為之」，卻沒聽過「**勿以錢少而不為，勿以錢多而為之**」吧！當然，因為這句是我說的！

大多人看了小收入總不起眼，殊不知累積起來可是嚇人！大多人看了大利潤總是亮眼，殊不知背後的問題很恐怖！

賺慣了大錢的人，當有賺小錢的機會時總覺得沒有感覺、不重要、不需要、不懂珍惜，但忘了過去賺大錢之前也是由小錢累積起來的！

當然花慣大錢的悲慘度更加嚴重，因為沒錢花時的痛苦指數肯定 100！

由儉入奢易、由奢反儉難，這是眾所皆知的道理，但大多數的人很難預防這樣事情的發生，並且難以承受變故的出現。

如果我們能珍惜每一次賺小錢的機會，並且不論賺多賺少都能平淡自在的生活、不過度奢華，那麼因錢而來的痛苦將不會出現！

貧賤夫妻百事哀！大家也都懂，但千萬記得在窮困的時

候懂得節約自在，在富有的時候也不應該進入所謂的量入為出，而是未雨綢繆！那麼即使大運已過也能度著好日子！

人的收入其實不是看你賺了多少，而是看你存了多少！存得下來的才是你未來可以運用的，花掉了就不再是自己的了！

即使是企業家也必須懂得守成，因為企業的起起落落是常有的事！

不曾賺大錢，也沒機會負大債！不曾站在高崗上，更不會有所謂的墜落！這不是要你不知進取，而是要你千萬別忘了本！

在我們出生時，帶來了什麼？入土為安時，又能帶走什麼？先不論前世來生，我們卻得瞧瞧自己這輩子過得是否安穩、自在、坦然！

如果小小的收入能讓自己天天快樂，如果累積丁點能夠讓自己財富滿貫，我們為什麼不珍惜現在每一次的好機會，踏實地度過？

如果賺的大錢有今日無明天，如果風光的日子卻必須背負淒涼的無常，我們為什麼不為自己未來的時日積存一點糧食、柴火，不怕寒冬來臨？

經營自己與經營企業一般，除非財力雄厚，否則保守為

宜！有多少可真正靈活運作的資本就做多大的投資，千萬不要因為一時的衝動還搞什麼借貸，借錢做生意的景象你應該都看過，最後常以負債收場。

好比股票融資，經常牢牢套住。這種生意經，走過的人必定深深共鳴！

思索**把自己當成企業**，要想著物流金流順不順，最重要的是給客戶的服務能否令人滿意！

把企業當成自己，千萬要記得愛護自己的身體，經常感冒還活得下去，缺肝少腎可沒了生機！

感恩 讚美 愛

感恩與讚美都是愛的展現，感恩是最偉大的力量，讚美更是最美麗的語言，不懂感恩、不會讚美別說你知道什麼是愛！

所有的發生都是最好的發生，我們感恩養育、教育、支持、幫助我們的人，因為有了您們的力量，所以我們得以成長。

我們要感恩磨練、阻礙、傷害、毀謗、攻擊我們的人，因為有了您們的考驗，所以我們得以堅強壯大，因為錯了可以重來，恐懼而錯過了就不會有未來。

每一張訂單都是感恩，每一支成品都是責任，做生意賺得的不應該只是金錢而是人心，如此才會有口碑相傳的快樂與感動。千萬不要把今天的業績變成明天的業障。

「我們接了很多生意，只是比較早起」與「我們必須早起，為了接很多生意」差很大，也是懂不懂感恩與讚美的差異。

讚美是一種藝術，讚美是一種善因，讚美是一種付出，讚美是一種鼓勵，也是一種修練。

讚美必須言之有物，必須具體，必須不抽象。因為讚美不是討好，不是攀緣，不是交易，不必有無謂的回饋預期。

企業、團隊、家庭、組織都需要生生不息的傳承。傳承的關鍵就是愛，而愛的傳承是什麼？

「鼓勵」替代「壓力」、「放心」替代「擔心」、

「引導」替代「指導」、「看著」替代「唸著」、

「做了」替代「說了」、「祝福」替代「攙扶」、

「肯定」替代「決定」、「感動」替代「衝動」、

「更好」替代「很好」、「身教」替代「言教」、

如上所行，愛已傳承。

生命中的一切都只活在當下，活在過程。因為沒有一種結果會是永恆，沒有一種成就不會成為歷史。

不論酸甜苦辣，成功失敗，踏實每一刻，堅持每一秒就是品味人生。

功成即可身退，急流必須勇退，人生絕對不拖泥帶水。這是感恩式的行動典範，更是懂得保留自己恆久被讚美的一種人生智慧。

企業要愛惜自己的羽毛，要珍惜每一次用心服務的機會，

堅持品質，做好服務，就會建立口碑。建立良善口碑，勝過各種認證與獎項。

精進心易起，長遠心難持！

成功的人之所以成功，不是目標方向的設定，而是對目標使命必達，歷久不衰，不怕考驗的行動堅持。

感恩就不怕考驗，讚美行動就必然堅持。大商必然成功，因為大商知道什麼是「愛」！

等待

　　我們的一生，做最多的事究竟是什麼？難道就是標題的這兩個字？你會說：「我不是！」那就讓我們回顧一下，看看你是否真的不是！

　　在媽媽肚子裡時等著出來、肚子餓了等著吃飯、天黑了等著洗澡、洗完澡等著睡覺、睡醒了等著出去玩。

　　等著大人買零食買玩具、等著生日、等著兒童節、等著過年穿新衣領紅包、等著下一個過年的來臨。

　　等著上幼稚園、上小學、上國中、上高中、上大學、等著考試、等著放榜發成績單、等著幾家歡樂幾家愁、等著下一次的挑戰。

　　等著能交男女朋友談戀愛、等著情人再相會的日子、等著可以光明正大地抽菸喝酒、等著說我已經長大了。

　　等著當兵、等著放假、等著退伍。

　　等著可以真正自己賺錢、等著加薪、等著升官、等著年終獎金。

　　等著結婚、等著生小孩、等著餵奶換尿布。

等著孩子長大、等著看自己的孩子結婚、等著看自己的孩子生小孩、等著看自己的孩子餵奶換尿布。

猛然一回頭，驚覺等著等著自己已經老了！

接下來還能等什麼？

等著離開世間的前一刻，用最後一口氣交代完最想說的話，用最後一眼看最想看的人！而這一生就這樣從等待中開始、在等待中結束！

在媽媽肚子裡時等著出來是：等著過生日，接下來等著過兒童節。

上學之後等著管他什麼節，只要能放假就是好節。

談戀愛後等著情人節，當媽媽的等母親節，當父親的等爸爸節。

工作之後等五一勞動節、端午節、中秋節，期待放長假等著過春節，生命終止後，只能等待清明節。

我們逃不出等待的魔咒，只要你是人、只要你是生命。

但我們確實能做的是：**在等待的先前詳實計畫，在等待的過程確實努力，在等待的當下安心踏實！**

如此，這樣的等待就將排除大多的空虛、無奈與感傷，只留下了美麗收成的剎那。

這樣的等待總會帶來些許甘甜、這樣的等待才會充滿喜悅。

而這一切，我們不需花心思、耗精神刻意等待，而是真實的掌握生命的每一個瞬間。因為，等待已經不再是件苦差事。

儒花問三太子

儒花是個台灣鄉下小女孩，三太子是台灣民間信仰的一位偉大天神。這是一段儒花與三太子的對話，當您看完這段精采絕倫的對話，您對幸運的真諦必將了然於心！一切豁然開朗！

儒花問三太子：「究竟如何才能成功？」

三太子說：「當然必須先有努力的精神才會有機會啊！2004 年美國太空總署 1 月 3 日成功將精神號送上火星、1 月 25 日機會號隨之而來，先有精神才有機會，這是天意！」

儒花又問三太子：「究竟什麼是幸運？」

三太子說：「當災難來臨時，我不在現場！當機會來臨時，我已經準備好了！這就是幸運！」

儒花問：「當災難來臨時，我如何不在現場？」

三太子說：「諸惡莫作，眾善奉行！」

儒花問：「當機會來臨時，我該準備什麼？」

三太子說：「精神！全力以赴的精神！」

儒花問：「當我擁有全力以赴的精神時，我可以在哪裡

找到機會？」

　　三太子說：「你在哪裡，機會就在哪裡！」

大商實戰篇

用生命寫下的 42 首詩篇

《佛說四十二章經》，簡稱 42 章經。此經傳言甚多，甚至也在電影中被刻意運用。

據傳是東漢時期，從印度傳到中國的第一本佛教經典，也是第一本有中譯本的佛經。以釋迦牟尼佛的 42 段話所組合而成。

本書以集結台灣 42 位大商的故事為核心，描述每一位大商的奮鬥歷程與正向能量。

人生的道路上，有人彷彿幸運、有人崎嶇坎坷、有人背負天命、有人狂爭上游、有人跌倒再起、有人創造歷史，種種的辛酸血淚與智慧結晶盡是人們努力向上的參考指標。

當我們看到了這些大商面對生命考驗的態度，我們還有什麼放棄自己的理由？我們還有什麼不成功的藉口？

當我們到達一個地方旅遊，經常都是被包裝後的景點，其實看不到該國度的精神與民情風俗。

當我們初次認識一個人，經常都是戴著面具的虛偽妝扮，根本看不到卸妝後的真實心靈素顏。

這四十二位大商都不是媒體爭相報導的大人物，卻都是激勵人心的企業典範。

沒有掩飾、沒有隱藏、沒有面紗、沒有簾幕，只有用赤裸身軀真實走過的血淚痕跡，只有用咽喉聲帶輕振的生命樂章。

我們不全然是門當戶對的結合，我們卻擁有了彼此讚嘆的肯定。

我們不盡然是自成一格的強大勢力，我們卻擁有了相知相惜的團隊士氣。

因為我們有著共同的目標：

為台灣盡一份心，為世界出一份力。

第五章

用生命寫下的 42 首詩篇

環保尖兵

方敏穎

外圓內方思敏捷，雙子特質更聰穎；

真誠熱情愛幫助，宜靜宜動方敏穎。

台灣雨都基隆港有著很多地方的文化特色，但是所謂的特色並不是全然那麼討喜。

高離婚率、高自殺率、高失業率的輝煌紀錄似乎是難以逃脫的枷鎖，這樣的結局誰也不想見到。

雨量充沛卻因為空氣汙染的問題，讓黑雨遍灑整座基隆山城，連轟動一時的黃色小鴨也難逃下水後迅速被染黑的命運。

基隆出生的敏穎從小沉默寡言，隱藏不住其灰色憂鬱的特質。然而典型的雙子座個性卻喜歡挑戰自己，當然也經常在人生旅途的矛盾中迷惘。

初中時期，進入校隊代表學校參加台灣區運會比賽桌球。大學也參加桌球系隊，擔任隊長帶領球隊參加大學的系際盃桌球比賽，連續四年為學校奪得前四名的榮耀。

大學就讀逢甲環境科學系，對環境保護從此有了更深一層的執著，埋下了環保意識的種籽。畢業後進入了知名的藥廠擔任業務，一待就是十年。

其中輝瑞大藥廠應是大家耳熟能詳的外商，因為輝瑞生產著名噪全球的威而鋼，以及其他許多特殊的專業用藥，而敏穎主推的是降血壓與降血脂藥物。

敏穎以其真誠的雙眼與樸實的態度贏得了所有醫師、客戶的信任。在完全沒有給客戶壓力的狀態下，所有的業績目標輕鬆達陣。平均年薪都在一百八十萬以上，最高紀錄228，成了人人稱羨高收入的超級業務。

當然，不知是否因為這個奇妙的數字228，還是因為巧合，敏穎閃電式地離開了藥廠，因為敏穎厭倦了藥業的特殊文化，再也提不起對這份產業的熱情。寫到這裡的筆者心有戚戚焉，完全可以理解她的心境。

正當所有人錯愕之際，敏穎隻身前進美國波士頓的霍特商學院攻讀企管碩士 MBA，只用了滿滿的一年拿到了碩士學位，畢業時已經很多當地公司爭相聘請，但敏穎不為所動，歸心似箭、一刻也不想多逗留，因為她知道她的心——不曾離開台灣。

敏穎要特別感謝 Teresa Wu（吳佳玲），一個總是面帶笑容熱心助人的女孩，有著優越家世背景卻毫無架子的女孩。

她是敏穎在美國時期的同學，在人生最失意時給予了最真誠的幫助。敏穎說：「Thank you Teresa！ You are one of my best friends！」

2009 年 9 月，敏穎回到了台灣，與雙親研討接下來的規畫，卻換來雙親不解的回應。當然，敏穎知道這是父母的關懷與擔憂，擔憂敏穎的人生規畫是否畫錯了版圖。

爸媽不解女兒為何放棄高薪，接著燒了三百萬卻只為了取得一張不知有沒有意義的碩士文憑。不解女兒為何浪費著自己的青春談著最後沒有結果的戀愛。不解女兒的人生為何偏偏選擇一條完全無法令人放心的道路。

敏穎在雙親的不解及眾多親友的惋惜聲下，緊握方向盤奔馳在飄著細雨的國道中，模糊了視線。敏穎進入了人生的最低潮，載浮載沉。

敏穎說：「雖然在藥業 10 年，因為傑出的業績而累積了出國念書及投資的基金；雖然我不是醫師，沒有醫師們在專業領域上的權威，但我知道藥物是維持健康的最後手段。為了控制疾病所使用的藥物，會對人體內的肝腎造成負擔，也多少都會在人體產生立即或是長遠的副作用。未使用完的藥物也常常被人們任意丟棄，造成環境的污染，形成環境賀爾蒙的一種來源，經由水或土壤再度回到人類身上。」

人們其實可以運用健康四要素（均衡的營養、適量的運

動、充足良好的睡眠、愉悅的心情）讓自己維持健康，然而，絕大多數人因為工作繁忙沒有時間、習慣無法養成或觀念問題等現實因素而無法達成。

「所以，我遍尋可以幫助人們健康的好商品。幸運的，我找到了一個可以幫助人們有好的睡眠，且藉由幫助睡眠，因而幫助恢復體力 / 腦力 / 精神、舒緩壓力、心情愉悅、提升免疫力、幫助新陳代謝的系列商品。」

「我的使命就是要讓環境可以不被人類所破壞，讓人類不被濫用藥物的迷失所傷害。」

近年來霾害對人類的為害也越演越烈，空氣品質的敗壞儼然已成為健康最可怕的殺手，因為生命只在呼吸間，我們卻毫無抗拒之力。因此空氣淨化的推廣也是敏穎努力的重點科目。

五年過去了，雖然收入並不如前，但敏穎卻反而身心自在，因為錢並非她人生追求的目標，而是希望追求「利益」的同時，做的每一件事都充滿了「意義」。

轉換跑道是辛苦的、是背負壓力的、是旁人冷眼旁觀看不懂的。

敏穎卻沒有忘記出身環境工程的軀殼背負著對環保路線的使命。但敏穎總是難掩缺憾的落寞，問著自己：「爸媽的

放心與開心何時才能到來？」

2014 年，加入了商務引薦平台，敏穎找到了志同道合、互為貴人的夥伴認同感，也讓堅持的理念得以迅速產生影響力。

敏穎感恩著，感恩自己的堅持，感恩一切的發生。

她相信：只要再努力，利益將平衡於意義。成敗論英雄的結果必然能夠贏回雙親的放心與開心。

敏穎內心吶喊著：爸媽我愛您！

故曰：
環保尖兵方敏穎，放棄高薪把命拚；
焚膏繼晷向前行，只為雙親能寬心。

海王子

王崇霖

驚濤駭浪海王子，崇高使命降甘霖。

人生的起落，有如潮水般的漲退，週而復始！

意外的落水，當下盡是選擇。有人向下沉淪，有人慌忙失措，有人抓住了身邊的浮木隨浪漂流，奮力找尋著希望之火，只為了呼吸得以延續。

岸邊燈塔不曾熄，只怕雙眼已緊閉。

又是一個來自基隆的淒美故事……

崇霖出生在基隆的商業家族，爺爺身上濃郁的氣息是作夢也會聞到的魚腥味，基隆夜市愛三路上的「萬美香」，各式的海鮮食品與麵包確實是當時周邊住戶與人浪必定前往的方向。除了爺爺身上的味道，還有自家麵包出爐的味道，崇霖最愛的更是隔壁二信銀行的鈔票味。

逢年過節家裡眾冠雲集，基隆市長都會來拜年，成就了不少當時的優越感。就這樣錦衣玉食的日子讓崇霖度過了快樂的童年。

　　就讀國一的某一天，家裡依舊人潮聚集，只是這次大家的表情都很嚴肅，原來是父親的漁船生意涉及與對岸的走私，被抓去關了，爺爺散盡家財全力救援。這一刻，崇霖從天上人間跌落了海底深淵，從自家豪宅改成了窮鄉小屋，從大門開敞轉成了後門進出，從貴族學校流落到平民中學，從自豪爽快變成了自卑封閉。連註冊費竟然也成了崇霖心中永遠的痛。

　　崇霖開始跟著爺爺奶奶與媽媽在市集擺攤，過著「夜市人生」。從一開始的羞澀也開始習慣了叫賣，從白天叫到黑夜，從白皮曬成黑人，在基隆市場裡穿梭，人稱小黑的就是崇霖。

　　尾牙是崇霖的生日，媽媽拿著白白胖胖的割包，包著肥滋滋的五花肉、酸菜、撒上甜甜的花生粉，然後對崇霖說生日快樂，那是國高中時僅存最美的記憶！

　　註冊期限的最後一天崇霖才敢告訴媽媽，媽媽只能帶著崇霖四處向親戚朋友借錢，錢是熱的，心卻也沸騰了。崇霖內心吶喊著：「媽媽辛苦了！兒子我會努力讓這樣的悲劇不再傳承下去。」

　　後來連房租都繳不起了，爸媽帶著弟妹到三重擺攤過活，崇霖留在阿姨家與小四個月的表弟一起準備聯考，情同手足如膠似漆，但總有吵架的時候，而寄人籬下的角色注定是沒

有太多反擊的優勢。崇霖開始學會了閉嘴與隱藏，不再與任何人透露自己的心事。

成功中學並不是崇霖的目標，因此高二轉讀新竹中學實驗班，只為了諾貝爾獎李遠哲的光環。再度告別了母親！

兩年來為了節省車費很少回家，在校自習。婉拒了所有死黨邀請回家吃飯的好意，因為崇霖更加害怕看到那種幸福的感覺。主修心理系的輔導室曹老師得知這種情形，每逢假日便以輔導課業為由逼著去家中吃飯，顧及了自尊也補給了營養。崇霖再度感受到了——人間總有溫暖的角落！

受了曹老師影響，輔大雙修心理系與企管系；參加針灸社、電影社；擔任班級公關、選上學生議員、扮演織品服裝系的模特兒；晚上兼家教、做直銷；暑假綁鋼筋、挑水泥、搬家具。一切都只為了省錢、賺錢、活下去。

大三取得了交換學生的資格，前進美國史丹佛大學，真正豐富了崇霖的思維，開拓了不曾想過的視野。

同學由你玩四年的大學生涯，崇霖卻用滿載的充實艱辛度過，但是此刻卻開始找回了一絲絲沉沒已久的自信。

大五開始與兩位美語老師在土城開立了安親班，自己設計傳單，挨家挨戶拜訪，給家長希望也給自己機會，開始了創業賺錢的系統。

退伍後在美國通用汽車歷練了九年，以為會在這個有系統有制度的外商公司上班、成長、安然退休。卻在一場張忠謀的演講，再度改變了人生的方向。

張忠謀說：「年輕人選擇的工作要對社會有幫助，然後良性循環回到自己身上，工作就會成為事業，然後熱情就會燃燒，事業於是變成了志業。」

這席話如醍醐灌頂，慧根深牢的崇霖瞬間清醒，開始了為期十一年至今的保險服務生涯。

「讓生命變得更美好」是崇霖從事保險業唯一的方向。透過精算完善的保險規畫，打造親朋好友的人生防護網，免除如同自己兒時記憶的創傷，再度重演在其他學童的身上。不讓史料未及的事故，扭轉了眾多人生美麗精采的故事。

崇霖除了專業與熱情，更有感動力，贏得了眾多知名人士的青睞，主動邀請崇霖為其規畫人生理財的風險管理。這一份信任得之不易，如同折翼再飛的「花蝴蝶」，對翅膀必然更加珍惜。

崇霖沒有忘記基隆港邊，墮入漩渦的無力，原來苦難的蒼茫，正是呼應著海風徐吹的清涼，空氣中的鹽腥，正是自己人生浪潮的氣味，因為他是誤入人間叢林的海王子！

故曰：
折翼再飛花蝴蝶，擁抱生命不凋謝。

企業家的修練

吳政宏

吳起領兵政勢宏，企業修練冠群英。

吳起是中華民族歷史上最具代表性之以心帶兵的將領，因此他所領導的將士們都必然誓死完成任務，經典故事流傳千古。

台灣美境處處，經常與經濟開發相左的環保意識卻在東半部更加抬頭，也因此保留了較多的本土自然風貌。若說要找到一個可以取得環保與經濟平衡的地方，那就是好山好水的代表「宜蘭平原」。

在雪山隧道開通之前，北宜公路九彎十八拐更是大家耳熟能詳的大彎道，車禍頻繁，造就了這個區域的靈異色彩，卻是過去宜蘭通往台北的主要幹道，宜蘭也因此保持了世外桃源的特質。吳政宏就是出身在宜蘭頭城這樣一個純樸的鄉村。

1963 年，當時 23 歲的政宏創立了「中國農機行」，經營農用耕耘機、機械維修與零件買賣，開始了宜蘭的農業革命。政宏騎著機車在大宜蘭地區地毯式宣揚著「機械取代人

力效率農耕」革命性理念，有如《海角七號》的郵差一般，深怕哪一戶農家不知道這個翻轉思維的機會，因為政宏知道農民實在太辛苦了。

農民固然辛苦，此刻的政宏卻更辛苦，內外夾擊，背腹受敵。

不菸不酒不會應酬的武術練家子，在商場上卻根本敵不過同業的削價競爭。更由於缺乏識人的智慧，接二連三的客戶倒帳、郵差借錢不還、客票無法兌現、員工偷錢……，讓這一切更是雪上加霜。

此時，政宏的恩師曾松齡顧問貼心細心耐心的精準指導，建議政宏採取兩項誠信重點作法：

1. 對客戶堅持不二價，免費傳授維修技術當作附加價值。

2. 向供應商購買零件立即付現款。

看似平凡無奇的兩項堅持，卻是當時的藍海策略，讓局勢撥雲見日、起死回生，只因真正誠信的落實，讓口碑不脛而走，業務逐步進入正軌。五年後擁有了五位精兵，購置了 50 坪店面。

三年後，羅東同業惡性倒帳兩千多萬。政宏更加體悟有著企業軍師之重要性，此乃旁觀者清以破當局之迷。原來經商之道竟是為人處事之道！

原來做生意就是踏實做人，而非商場之取巧。

此刻政宏已達而立之年，當下發願：終生擔任企業顧問，不斷學習精進，不斷幫助企業經營者成功，願社會興盛，願人間安康。

因此適時地將自己一手打造的「中國農機行」送給了一起打拚最久的事業夥伴，並且繼續經營迄今猶存。由此更見政宏的氣度。

在開始擔任顧問時，第一個顧問案很成功，第二個案子卻發生了障礙。

客戶端的業務經理稟告總經理：「顧客要求降價。若同意，生產線將是滿檔，反之即無法合作，請總經理裁示。」

確認成本時，財務經理回應：「低於成本價，做越多賠越多。」總經理不知所措，請教吳顧問。

吳顧問回應：「事關重大，急事緩辦，明天決定。」

連夜請教松齡恩師，恩師一語道破：「產能基準不同，不可一概而論。企業只要能持續經營，就有成功機會。」

啊！原來如此，軍師背後又有高人，那將更是萬無一失。

顧問公司創業的第二年，生死存亡的的關鍵卻也到來，千頭萬緒之際……

陳怡安教授適時指點了迷津：所有的發生都是好的，跌倒要看看是被哪一顆石頭絆倒。

原來「降低成本，栽培新人」策略錯誤，疲於奔命只在內耗，無對外開拓的力道，反徒增煩惱。這就是絆倒公司的那顆石頭。

痛心改革，政宏親任群英董座，改採「高薪禮聘名師加強績效」，因而聲名大噪，第二年購置新辦公室，可見成果輝煌。

政宏感恩著兩位明師的指點，迄今群英企業管理顧問股份有限公司順利走過 30 年。

台灣有很多很成功的企業，但是經營者缺乏修練。

台灣有很多很可惜的企業，失敗只因為體質不好。

吳顧問本著大商的精神，以協助經營者的修練「開發識人智慧、鍛鍊決策技術」與企業體質的改善為志業，希望能讓台灣各個大中小企業都能更好更棒，更有企業的靈魂。輔導無數企業家，讓他們找到了企業經營的火種，照亮了未來光明的商道。

知識就是力量，領導者智能佔企業成敗因素之 70％。

天下英文教主黃心慧，不以自身為師尊，卻以大商之念參與經營者的修練，心得：「這是價值千萬元的課程。」

吳顧問是筆者見過最欣賞的企業顧問。沒有高高在上的架子，只有親和淡雅的鼓勵；沒有咄咄逼人的斥責，只有融合彼此的讚美。有如吳起的帶兵帶心、歷久彌新。

　　吳政宏顧問是代表台灣企業精神的大顧問，是修練自己也帶動企業家精進的超級訓練師。

　　顧及企業的全盤，決不答非所問！謂之顧問。

　　故曰：

　　人外有人天外天，備有軍師不慌顛。

火車頭

吳獻宏

吳師自通最敢衝，掌握關鍵全都懂；

利他奉獻火車頭，宏戰巔峰共圓夢。

在遴選本書 42 位大商的最後一位是在馬羊交接的除夕前夕。

這一天是筆者與獻宏的初次通電，獻宏快速應允前來精油藝術工廠受訪，沒有任何藉口，這是他給我的第一個好印象。

準時到達，這是他給我的第二個好印象。

訪問開始──

我問：「您是好人嗎？」
獻宏：「不是。」

我問：「你有幾個小孩？多大？」
獻宏：「兩個，一個小五，一個小二。」

我問：「您愛他們嗎？」
獻宏：「很愛！」

我說：「您錄取了！」

獻宏：「謝謝！原來大商面試的方式這麼特別。」

我說：「是的，內行看門道，外行看熱鬧。您說您不是
好人，因為你對自己的要求很嚴謹，好人不是隨
便說說而已。我喜歡！」

「當您說自己不是好人，卻又不假思索地說您很
愛自己的小孩，這表示您非常信任自己的原料、
作業流程、品管以及產品。」

「貨真價實的態度以及誠實的表現是商業行為中
最基本卻最經常被忽略的元素。這兩個問題已是
關鍵！」

我們兩個都笑了。

開始正式的採訪！原本預計一個小時的採訪卻花了五個
小時，因為我們一起用了一個心靈交會的時尚晚餐。

**鳥之飛翔靠的是翅膀，翅膀之所以能順暢鼓動氣流，卻
是翅膀上的羽毛。**

獻宏輕舉著網拍朝著羽毛組成的火箭揮去，卻見火箭飛
向天際，再如降落傘般柔美落下。

欣賞著羽球力與美結合的當下，獻宏更愛協助羽球振翅
時的熱汗淋漓，這讓獻宏有一種與羽球結成一體，再讓沉睡

毛羽展現生命力的奇妙感受！

這是獻宏獨到的羽球哲學，更從中體悟助人最樂的道理。

獻宏人生的四十餘年平均分配給了南台灣與北台灣，新竹十年、高雄十年、台南十年，結婚後定居新北蘆洲 12 年。

小學在新竹到小五，中學在高雄霖園鄉，五專選擇就讀南榮工專電子科，為什麼？因為離家最遠！

原來家裡是鐵工廠，忙碌的嘈雜讓他想遠離家鄉好好就讀自己想學的專業，然而責任感的催化使然，他卻不折不扣的學習了工廠裡所有的細微事項，考取了所有工廠中所需的相關證照。

父親事業越做越大，買了八百坪的廠區，加上蓋了三大棟的廠房，又向銀行借貸了五千萬，平均一個月要還七十萬。

此刻的父親卻因鼻咽癌撒手離世，青天霹靂，於是獻宏只能一肩扛起。就在這樣的狀態下，獻宏接受了數年的煎熬歷練，還清了債務也結束了工廠。

然而，人生中最感謝的依舊是父親，因為父親使命必達的態度，總讓自己不斷檢視預設的目標有無達到，也因此造就了獻宏火車頭帶頭衝的特質。

後來，開始經營包裝公司，以及至今的禮贈品客製化服

務，這一切的細微規畫都是獻宏事必躬親、一手打造。因為獻宏清楚所有的環節都不能有任何一個部分脫鉤，不能有一丁點的閃失。

學習所有的關鍵，不但便於領導、管理，更不怕員工有拿翹的現象。

如同 3D 繪圖，自己要先會，才能夠與美工及工程師做專業的溝通，夥伴知道我們懂，就也自然按部就班、專業分工、各司其職了！

獻宏在軍旅時期是三軍儀隊，是一絲不苟的形象代表，是帥氣與力量的結合。

獻宏喜歡不斷開創不同而有意義的事，做別人沒想過、沒做過的事，這是天性使然。

卻也因此造就獻宏客製化創造的能力，給每一位客戶個性化的小確性、創造其自己的文創風格，讓獻宏在禮贈品市場中異軍突起！

獻宏因為有著過去辛苦的經驗，因此對企業組織再造深度琢磨。於是參加了各種社團，以期能以團隊合作的模式，創造更美好的未來。

最令人感動的是獻宏對社團組織的看待如同對自己公司事業一般的細緻，不求一己之美好，但盼團隊能榮耀！大格

局的思維與行動一覽無遺，口碑不脛而走！

獻宏說：「希望讓全世界看到台灣的人很多，只是等待的人更多，而能真正幫助台灣的團體卻太少。因此，在大商集結之際，我吳獻宏怎能缺席！」

故曰：

我是吳獻宏！必讓台灣大商無限紅！

幸運會計師

李孟燕

桃李天下孟嘗君，祥燕齊飛幸滿盈。

在商務運作的世界裡，看似不重要卻是最關鍵的一個角色就是會計師。

會計師是否能在守法的基調中，運作符合善良人性的計算手法，並非只是看會計師的能力與經驗，更是看在會計師的信念與堅持。

會計師職業道德規範中明文規定不得為強調優越性及宣傳性廣告，因此業務來源多有賴於親朋好友的口碑介紹，故維持高服務品質、取得客戶信任是執業最高指導原則。

經商多年來，我認識的會計師不勝枚舉，但李孟燕會計師卻讓我最為印象深刻。因為，從孟燕的外觀看不到精打細算的數字竄流，柔性的應對卻更展現了對寰宇的感恩與期待。

孟燕有著異於常人的幸運，若非上天的眷顧，那麼又該做何解釋呢？

三個轉折點，決定了孟燕人生成功的關鍵機會。

第一個轉折點——意外踏進會計領域

孟燕考上了政治大學社會系，但此系畢業後通常不是考公職就是社工，不然就是隨緣再找其他不相關的工作試試，因此孟燕決定再多修另一科系。但放眼望去，所有科系只有一個會計系符合資格條件，並且不需要口試！因此緣分，孟燕雙主修了社工系與會計系，熬過了漫長的五年取得了雙學位。這一次的成功其實沒有別的原因，只因為孟燕的「**想要與相信**」！

第二個轉折點——重拾書本考上會計師

大學畢業後進入國立中正大學會計學研究所，爾後順利的進入了 KPMG 有如戰鬥團隊的環境工作！這種感覺似乎並非孟燕的夢想，反而像是夢魘。因此轉戰生技公司任職。朝九晚五的日子正常了許多，但該公司營運越來越差，整天閒得發慌就等著領薪水，閒到看遍了當時流行的偶像劇！

直到有一天，職業生涯中的第一位貴人珠寶姊找孟燕吃飯，深談了一夜，讓孟燕下定決心、重拾書本。歷盡艱辛後，考上了會計師。又一次的成功是因為**目標與方向**，孟燕因為貴人的提醒與鼓勵，重新找到了努力的方向與前進的目標。

第三個轉折點——因緣俱足成立事務所

這一天孟燕收到了一封很特殊的面試通知，求才條件是有會計師執照，可以馬上設立事務所開業的人，孟燕回覆了面試要求並如期依約前往。

主考官的是一家投資顧問管理公司的負責人 Eddie Wang，原來 Eddie Wang 在服務客戶的過程中常需要與會計師合作，與其每月付給會計師費用，不如找個可以合作的事業夥伴並來成立一家會計師事務所，資源也可以共享互惠。因此 Eddie Wang 上人力網站搜尋符合條件的人才，並主動發了面試通知。

在面試過程中 Eddie Wang 告訴孟燕，到職的第一件事就是快速地把會計事務所成立起來，初期所有管銷費用 Eddie Wang 會以顧問費支付、全額負擔。所以，孟燕每個月有薪水可領、更不會有立即性的業務壓力，事務所的業務要如何開發，Eddie Wang 都不會干涉，唯一要求就是服務好 Eddie Wang 的客戶。而在面試結束的最後，Eddie Wang 留給孟燕一項作業，要孟燕回去做一頁簡報給他就一頁！**內容是如何設立事務所！**

雖然孟燕從來沒有創業的念頭，但信守承諾卻是為人最基本的要求，因此孟燕很認真做了這一頁簡報並且迅速回覆。就這樣，Eddie Wang 通知孟燕第二次面試，並且協助孟燕創業成為事務所的負責人！

　　原來 Eddie Wang 當時面試不下 20 位會計師，竟然沒有人回覆簡報的作業，因為這些會計師都太會算了，認為天底下不會有這麼好的事，因此不想浪費時間。只有孟燕信守承諾。

　　而今，君盈會計事務所已擁有五位會計師的陣容，這是天上掉下來的禮物嗎？

　　當然，天降甘霖時，您是否已經準備好了蓄水的工具。孟燕很踏實在每一個階段做最大的努力，是很幸運地遇到那麼多旁人夢寐以求的好事。

　　但，什麼是幸運？當災難來的時候，我不在現場；當機會來的時候，我已經準備好了。孟燕隨時都在準備……

　　孟燕的人生很踏實，因為前進的每一步都是那麼用心的踩在土地上。

因為想要，所以努力！

因為相信，所以義無反顧！

因為目標，所以奮鬥！

因為方向，所以不浪費生命！

因為感恩，所以好事不斷！

因為願意幫助，所以貴人不缺！

因為付出，所以收穫！

故曰：

貴人者人恆貴之。

經營企業該找什麼樣的會計師？

當然是能夠為您帶來好運的：幸運會計師——李孟燕。

木頭人

何敏郎

何尋真誠智敏銳，年輪細品木郎中。

子曰：知之為知之，不知為不知，是知也。

這句孔子對子路之言，學者有眾多解釋，但不論是哪種解釋，都是非常適合描述阿郎的個性。終歸一字——「真」，這更是阿郎面對知識、做學問的態度。

在世俗的眼光來看，「真」究竟好還不好？有人說好，有人說不好，說好的人是真心覺得好嗎？

說不好的人，又真心認為不好嗎？並且好在哪裡？不好又在哪裡？

網路有此一說：現在的人有兩種說話的模式，一種是用真名說假話，一種是用假名說真話。

這看得出來圓融已被濫用為虛偽，而網路的虛擬世界卻成為說真話告解的空間。

阿郎從爺爺開始一連三代從事木作工程裝潢業，然而小時後開始父親卻開始必須洗腎，一家重擔便落到了母親身

上，母親在親戚的工廠上班，而四個兄弟姊妹為了減輕母親的負擔，當然也必須打工協助家計。

父親洗了 23 年的腎，走了！阿郎暗自在想，如何能夠「不藥而醫其病，不醫而養其身。」

因此木訥的阿郎閒暇之餘唯一的嗜好，就是學習宗教與民俗療法，包含氣功與推拿。

子曰：「吾十有五而志於學，三十而立，四十而不惑，五十而知天命，六十而耳順，七十而從心所欲，不逾矩。」

國二的阿郎看著論語，想著自己來這世間的目的，想著為何不能提早知天命？

原來阿郎的天命就是幫助，在幫助的過程中得到快樂，看到了自己生命的意義。

很多人學了很多工夫與技術是為了謀生、賺錢，阿郎的推拿與民俗療法卻是不收費的無償服務。因為這就是他的快樂。

阿郎高職學機械、專科學航海，然而最後還是終日與木作材料及工程相伴，不喜與人打交道，因為太多場合與聚會結束後都是身心俱疲收場，從心理層面而影響到生理層面，因此阿郎越來越不喜歡交際應酬。

學校的學習過程讓阿郎有了深深的體悟，也同步如此教

育子女：讀書如果只是為了考試與學歷，那麼你們可以不用讀書，直接找一個可以養活自己的工作就好。爸爸希望你們可以懂得「學以致用」。

阿郎缺乏幽默感、不苟言笑、嚴肅、靦腆似乎就是其不想改變的個性特徵。但，筆者與阿郎交談中，深深感受其正義而剛直的純樸性質。

木作材料在這個時代已經是變化多端了，光是目測根本無法判斷品質的好壞，毒素與黑心更是經常隱藏其中。給阿郎承包的木作工程，業主可以很放心，因為阿郎不會中途變換材料，更不會為了增加自己的利潤空間而編織美麗的謊言。因為說謊是阿郎最缺乏的專長。

阿郎喜歡木頭的一切，他說：「**木頭是有靈性的，是具有生命能量的，從任何一個角度來看，我都覺得美。**」

阿郎希望木作能跳脫做工的範疇，希望所領導的工班師傅們未來年紀大時可以轉為教育人才、技術傳承的匠師，更希望他們能有安享天年的退休規畫。

活下去是阿郎人生最簡單的要求，如何活得有意義更是阿郎不曾休止的努力。

或許就是與木頭在一起太久了，個性就像木頭人，喜歡直思，不喜歡謀略，所以與阿郎講話不需揣測，「是就是、

不是就不是」。

　　阿郎喜歡看著木頭的紋路，因為木頭的年輪就是歲月智慧的痕跡。阿郎喜歡木頭的味道，因為木頭的味道就是最原始的芬多精。

　　阿郎說：「為何把我納為大商？我只是一個不知變通的木匠罷了。」

　　筆者回應：「大商並不複雜、也不困難，大商真正的本質就是您的這種『真』。我打從心裡喜歡你、敬佩你。」

　　故曰：
　　大商並非大商人，巧言令色鮮矣仁；
　　妙奪天工手中斧，剛毅踏實木頭人。

自體療癒

卓文雄

笑看人生卓別林，文曲下凡一雄軍。

媽媽是什麼？對卓文雄（大熊）而言是不曾有過的印象。因為有記憶以來，生命中的家人只有──父親一人。

孤獨是從小早已習慣的事，寂寞也只是家常便飯。因此大熊國中畢業就進入空軍機械學校士官班就讀，開始過著讓國家眷養的日子。

下部隊後，從台灣去了澎湖，又從澎湖到了淡水，如此過了將近四千個日子。龍蛇雜處的環境讓大熊提早學會了與五湖四海的同袍相安無事，懂得了隨遇而安的圓融。

何稱文曲下凡？

文曲乃藝術才華之星曜，大熊從小就對音樂與美術充滿熱愛，或許正因親情的淡薄，讓他更加寄情於藝術吧。

國小老師有畫室，看著大熊的天賦，不忍埋沒之，因此課餘之暇都會親自指導大熊的繪筆之功。正因得遇良師，大熊對素描、國畫、水彩、油畫皆能信手拈來。

聽ICRT不是因為愛英文而是愛音樂，國中就學會了吉他，軍旅時期更組織了一個樂團。

這樣的才華洋溢卻也讓大熊深知，藝術不能當飯吃，只能是興趣。因為他不想如同過去大多數的藝術家一班，死後才有名氣，錢也是後人在賺。尤其他必須靠自己的力量在人類的森林裡活下去。他告訴自己：我是大熊！

看膩了軍中的文化，提早退伍後當過房仲，做過代銷，賣過淨水器，當過有機珠寶店的店長，學過紫微易經心理諮商，練過推拿整復，研究過芳療，也進入了傳直銷推廣光波能量貼片，這一切的經歷正醞釀著大雄接下來的偉大創舉。

有一天突然發現自己的右腳不適，醫生說受傷了，但所有的醫師都找不出原因，也治不好，連大熊自己都不知為何自己的右腳會受傷。這個怪病讓大熊成為了新式醫療技術與概念的白老鼠，當時三軍總醫院引進了「疼痛醫學」的技術，大熊就是第六個特殊案例的實驗品。而當初的「疼痛醫學」就是後來「無痛分娩」與「安寧病房」的前身。

這是幸還是不幸？大熊因此吃藥傷了身，爾後又衍生了一堆怪病。如此緣份促使大熊在二十年前巧遇一位從少林寺學成回台的老中醫師，傳授了一些氣功、推拿、整復的工夫，至此大熊的怪病日見好轉。

心靈的慰藉與寄託對大熊這樣背景的年輕人而言確實是

必須的，因緣入佛門，戴髮於精舍開始修行之路。

921 大地震的賑災之旅更讓大熊體悟人情冷暖與世間無常。看到了憤怒、無助、脆弱的交錯，看到了宗教團體精準的服務與到位，尤其是慈濟志工團隊的迅速與慈悲。大熊百感交集！

一行人等待著挖土機開路的煎熬，當挖土機開通的剎那，車隊得以前進受困的災區，看到災民的重燃希望的喜悅，一位災民說：「地震後這些天來，你們是我們見到的第一群人！謝謝你們！」

大熊震撼的淚再也停不住……

災後大熊參與蓋廟，因為他知道人間需要更多溫暖的入世道場，需要更多寰宇共振的心靈激盪。

師兄問了大熊：「**萬物皆有佛性，細胞有佛性，細菌也有佛性，那為何人會生病？**」

大熊陷入了沉思，不知經過多少日出日落，大熊終於領悟到了一個真理：「**原來人們因為身心靈不協調才會生病！**」

只要身心靈平衡了，何病之有？

因此大熊決心要將他四十餘年來所學所親證的一切方法完整集結，提倡「自體療癒養生 DIY」，讓人們遠離藥物的依賴，遠離錯誤醫療的傷害。

故曰：
自體療癒無病害，身心平衡靈自在。

浪子回頭

林政遠

林木百草漾花蓮，政商名流太遙遠；

浪裡行舟步步艱，子曰回頭勿走偏。

單親家庭是現今社會，金字塔底層的悲歌。任誰在婚禮的誓言中、歡愉中、祝福中都不會想到，台灣每兩對夫妻就有一對離異，似乎結婚的當下就是準備迎接離婚的遲早——除非是非常小心經營。

一個標準的台北市男兒卻也因為這樣的機率中，在花蓮的吉安鄉度過了他的童年。

政遠在國小就回到了台北就讀，似乎單親家庭又是他打架鬧事最合理的解釋，暴力處理也是他唯一解決問題的方式。因為政遠認為只能用拳頭重擊才有辦法確實保護自己，與其被欺負不如先武裝自己。

媽媽很辛苦，獨力以女性之軀支撐家計，政遠自覺自己不能一直成為媽媽的負擔。

於是為了避開暴力團隊夥伴的繼續攪和，國中畢業後離

開台北到新竹開始半工半讀的新式生活。這一段是浪子覺悟與回頭行動的第一步……

人生第一份的收入就是來自擔任水電工學徒的淚水與汗水，這樣的收入很辛苦、卻很真實。就這樣半工半讀一直到夜二專畢業當兵去。

政遠也曾經在旅行社待了兩年，也當過領隊，也在工地當過監工，只要能賺錢的「正當工作」他都願意做。

退伍後，政遠在房地產仲介市場打滾了五年，賺到不少錢。後來到遊戲軟體科技公司擔任老闆的司機，正因為機靈、認真、吃苦、耐勞，然後當上了特助。

能夠遇上如此的貴人老闆，政遠好感恩、好感動。自此政遠發現人生的道路離成功的目標已經不遠，至少自己的確已經走在軌道上。

政遠的因緣與歷練如此走過了，因此政遠希望每個家庭都能夠美好、舒適、安定、幸福，最重要的就是那一份安全感。

原來，單親家庭所帶給政遠從小的記憶傷害就是缺少了那份「安全感」。

在政遠的分析與提議下，老闆同意並且支持政遠的決定，合資成立了「艾立思國際家飾股份有限公司」，完全交給政

遠經營，因為多年的朝夕相處，「信任感」早已不言而喻。

「信任感」是政遠創造事業的基石。

「安全感」是政遠拓展版圖的使命。

艾立思所有的家具與家飾都是以提供安全感、幸福感的愛為出發點。

因為政遠有個偉大的願望：**希望透過空間擺設的改造，營造歸屬感、凝聚幸福感，能讓這台灣不再有——單親的家庭。**

故曰：

浪子回頭改命運，半功半讀石成金；

營造幸福安全感，台灣不再有單親。

手工皂傳奇

林信安

林園揮汗栽果根，信仰天地自安神；

竹崎山腳小農村，綠色種子再深耕。

世代務農在三、四十年前的台灣環境其實並不容易生存下去，為了維持生計爸媽必須到城市經營小吃店，因此林信安從小就是祖父母所帶大。

信安經常與爺爺上山採集藥草，於是從小感受了大然植物神奇的美妙。

1993年，信安於政大廣告系畢業後進入了外商銀行工作，與同在銀行業工作的妻子結婚後生活平淡而幸福。生了孩子後，妻子決定專心帶孩子，意外的玩起了手工皂。於是廣告出身的信安終於可以稍微發揮所學，透過網路行銷的模式，開啟了人生的另一階段。

2009年，信安正式結束了銀行的工作，啟動了愛草學傳奇，因為信安從沒忘記農夫的辛苦、從沒忘記從小心中許下的願望——希望能夠幫助農民改善辛苦貧困的生活。然而此刻才正只是行動的開端。

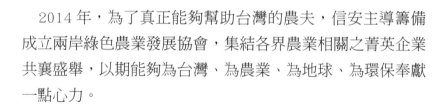

2014 年，為了真正能夠幫助台灣的農夫，信安主導籌備成立兩岸綠色農業發展協會，集結各界農業相關之菁英企業共襄盛舉，以期能夠為台灣、為農業、為地球、為環保奉獻一點心力。

命好不怕運來磨，料好不怕同業多。

愛草學以其獨特的創業理念，與優異的品質快速成為手工皂界的黑馬。除了台灣外，還行銷至大陸、日本、香港、新加坡等地。屢獲蘋果日報、自由時報、東森新聞、中視新聞、香港 UMagazine 等媒體主動報導。自此，**天然草本無毒、以自然萬物為師、求無染健康之道**的品牌堅持已讓愛草學聲名遠播。

同業眼紅競相模仿，然而信安並不以為意，因為信安源源不絕的創意與大格局早已令同業望塵莫及。

信安懂得將本土的在地特色與文化融入商品，不但滿足消費者的心靈需求，更展現了愛台灣的行動力。

正當信安的廣大市場扶搖直上之際，最大的客戶竟然辭世，合作案產生了前所未有的動盪，如此的青天霹靂誰能承受？

但，信安懂得運用各種行銷機制，懂得異業串聯、同業並聯的奧妙，筆者感悟其大器，因此也加入了他所號召的兩

岸綠色農業發展協會，並且雙方合作為他獨門開創一系列的精油商品，與其共生、共好、共榮。正是如此的智慧方能讓他逆轉危機為商機。

又在油品風暴發生的同時，各行業愁雲慘霧之際，信安主動邀請記者來現場檢視與驗收愛草學所採用的原物料，更展現信安坦蕩的胸懷與遠見。

信安說：「賺錢的方式很多，但我選擇信用與安心所帶給我的口碑，而不是遺臭萬年的風險。」

人生有所為、有所不為。不讓今日生業績，卻為明日造業障。

故曰：
愛草愛地愛台灣，洗盡無明靈性展；
環保農業救地球，學聖學賢林信安。

永不放棄

林俊廷

媽寶不是我的錯。

衣食無虞、不愁吃穿、呵護備至……，從出生開始就是所有人眼中的媽寶。殊不知這種幸福其實是源自前世布施所自然衍生的因果。

然而，林俊廷已忘了從何時起不再因此而自豪，反而隱藏著淡淡的自卑。林俊廷開始不快樂了，因為在他的血液裡流動著濃烈而不服輸的 DNA。從此俊廷做了很多常人無法想像的努力與突破，只為了證實自己——不是媽寶。

這一年，俊廷 22 歲，俊廷當兵了。但他拒絕了透過長輩的關係到軍中輕鬆的單位，而是依照自然的法則加入了海軍艦艇兵的行列。在艦艇中隨浪飄盪，在甲板上迎風高歌，望著蒼茫大海的俊廷第一次覺得自己已經長大了。

俊廷並不期待有如軍官的威武勇猛，但期許自己能夠成為一個能言善道、充滿吸引力的超級講師，至少能夠在客戶的面前清晰簡報、侃侃而談。

台上三分鐘、台下十年功，這個道理俊廷當然知道。因

此只要有上台的機會，寧可錯殺，絕不放過。

一次又一次的上台，一次再一次的打擊，俊廷累積了無數次自慚形穢、無地自容的經驗。

因為台上需要的是舞台魅力，魅力來自大量閱讀、熟悉典籍、精通時勢，尤其是人生精采的歷練。俊廷知道此刻的自己擁有的──只剩勇氣。

與大學最要好的同學合開了記帳士事務所，但夥伴經常是可共患難而不可共享福的。同學考上了會計師而俊廷沒有，利潤分配也開始混亂，最後的結局沒錯──拆夥了！

挫折中，俊廷已經有點洩氣，三天三夜打麻將、騎機車環島，假準備會計師考試之名混日子、醉生夢死，直到 33 歲這年遇到了一個女孩。

為了追求這位柔柔書香味的氣質美女，俊廷有了人生的新目標，開始泡在圖書館、投其所好，俊廷發現自己也因這場戀情而有了啟發，原來果真──腹有詩書氣自華。

這一年 35 歲，考了十年的會計師，俊廷終於考上了、開業了。

其實這樣的毅力並非一般人所能具備。原來，俊廷有跑步的習慣，歷練三年超過 20 場 21 公里的馬拉松長跑，可以連跑 150 分鐘不休息，正是培養俊廷專注力與耐力的基

本功。

接下來的故事沒錯──王子與公主結婚了！

終於十多年的磨練成長有了改變，俊廷已是一個男人，一個可以擔起重任的男人，一個幽默、有活力、台上有魔力的型男會計師講師。

媽寶真的長大了！只因為永不放棄的態度與堅持。

故曰：
媽寶源自前世因，付出收穫果於今；
林家公子已蛻變，掌聲響起賀俊廷。

苦盡甘來

林春蓉

林皮葉骨春飄盪，出水芙蓉也陽光。

桃園的永安漁港一戶葉姓人家已有五男三女，四十多年前的夜裡又生下了一個美麗的小女娃。因為亮眼，很快就被林姓的遠房親戚領養、帶走。這是那時代已經不常見的風氣，但這樣的命運卻被春蓉給遇到了。

連續劇悲慘的故事，類似日本阿信的腳本正是訴說著春蓉年輕時的歷程。春蓉的養母是個年輕的寡婦，經常在外地工作，又把自己與大九歲哥哥寄放在其他親友家，但人情的冷暖讓春蓉著實不知這是親戚還是親棄！

居無定所、四處飄流，一個小學就轉了三所學校，在這同學歡喜的童年時期，春蓉卻是以燒材、曬穀、採收、澆水、施肥當成她童年的獨門「遊戲」，為了準備鴨子的食物，春蓉細切著油菜，一個不小心，油菜染紅了，血流卻不止。但怕回去告知又被打的二度傷害，春蓉只能擦乾眼淚，靜靜的獨自舔噬著自己的傷口⋯⋯

這一年，養母找到了她自己所謂的幸福，嫁給了一個賣

米又賣棉被的店老闆，誰知這卻是另一個悲慘的開始。

這男人在大陸有妻兒，收入全送到對岸，留下的只有粗重的活兒。春蓉嬌柔的身軀要扛米、要擺攤、要賣春聯，還得照顧小九歲的弟弟。

國中三年過去了，基隆女中前一百名錄取了，但養母冷冷的說只能念職校，於是讀了基隆商工、並且半工半讀，完成自己的學業。

高職畢業後是春蓉的幸運之神第一次降臨，當時 75 歲的地方大老，一路從小會計、特助到派駐香港開業的主管，十六年的在職培育，這是有記憶以來第一次遇到的大貴人。並且也在這期間於德明技術學院夜間部國貿系完成了曾經以為不可能的夢想。

在基隆整整三十年，恩人過世了、真愛出現了，春蓉終於逃離了這個滿是傷痕的地方，來到了台北。

軍宅市場是春蓉面對新人生的第一份挑戰，從眷村的戶戶拜訪、貼廣告、塞信箱、發傳單……，每天都是以「起水泡」收場，但此刻春蓉卻有著前所未有的踏實，在這寡占的軍宅市場闖出了一片江山。

兩年後，夥伴分家各一路，春蓉選擇單純的民宅買賣，並且可以兼顧先生以及兩個寶貝兒子，這樣的辛苦卻是春蓉

等待已久的幸福。

又是幾年過去了，春蓉在台北安身立命的住商敦北店之店東突然告訴春蓉：「帶業務我已經覺得太累了，我想轉純投資，這間店就頂給你了！我給你兩天時間考慮。」

在所有同店夥伴的期待與家人的鼓勵下，春蓉真正擁有了自己人生的事業。

春蓉自豪的說：

「誠信、熱情並不是我們的口號！而是我們的基本功！

「銷售技巧不是我們的重點！我們只有真心的專業分享！完成客戶的託付，是我們使命必達的承諾！」

「八年來，我的店、我的客戶、我的夥伴，沒有任何訴訟案件、沒有任何客戶訴願。我們完成了房仲業不可能的堅持與任務。」

看到這裡，相信您與筆者一樣激動。春蓉在汙濁的泥沼中成長，然而激勵她的卻是更加奮發向上的行動力，因為她不想永遠在水中漂盪，而是從水芙蓉登陸蛻變為木芙蓉的亮眼燦爛。

唐朝白居易有一詩句：「莫怕秋無伴醉物，水蓮花盡木蓮開。」似乎白居易於千百年前就早已預告──春蓉歷經風霜之後，必將苦盡甘來。

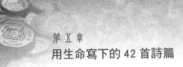

故曰：

水上芙蓉出汙泥，著地不動已生根。

心靈導航

林桂如

悠悠森林釀桂花，如願以償白金掛。

電影《汪洋中的一條船》奪人熱淚，故事主角鄭豐喜的故鄉雲林口湖，1969 年林桂如也在這裡出生了。

桂如有著異於常人的思維邏輯，有著天賦異秉的感應力。過去成長的一切已不可考，也不重要。桂如說：「我連自己的血型是哪一型我都忘了。」

完成學業後，於企管顧問、教育訓練界歷練了多年，主力推廣心靈音樂達八年。

桂如擁有了多張身心靈產業的相關專業證照，包含 NLP **神經語言程式學**（Neuro-Linguistic　Programming）的證照，加上宗教信仰的深入，桂如找到了自己人生的使命。五年前決定開業，以心理諮商、全腦開發、能量課程為服務的主軸，以期能夠給予有緣的人適當的協助，找回他們自己生命的能量。

來自美國的全腦開發大師「與內在交談」是桂如持續在推動的方便法門，在生活中、工作中、學習中、睡眠中不斷

影響潛意識，透過高度能量的充滿，內在調和，產生奇蹟的信念，產生旺盛的自癒力，克服了沮喪，有了完全的睡眠，保持永遠年輕的樂觀個性。

強化自律力與決心，建立崇高的自尊，達成積極正面的人際關係。相信自己是天才，並且立即行動，過著成功富裕喜悅的日子。這是音波科技不是玄學，筆者也有運用。

能量課程是開發能量場從海底輪到頂輪，這樣的七輪概念更是古印度的修行智慧，善用此法便能讓身心靈達到平衡的狀態。

桂如的諮商個案已破千人，豐富的經驗讓她更產生了同理心與慈悲心。不能有太多的自己，因此喜怒哀樂的情緒在桂如的世界裡早已淡然。桂如是吸引力法則的奉行者與推廣家，幫助很多人改變了思維模式，讓奮鬥的人們成功與富裕自然生成。

耳濡目染下，女兒在國中時期也開始懂得輔導同學心理的問題。與夫婿的生活更早已如同門的師兄弟。當然服務奉獻的堅持會有考驗與打擊，桂如只苦於沒有更大的能力協助對方，因此努力修練提升自己是桂如不曾停止的功課。

七年前桂如被邀請進入 BNI，來到長興分會的前三週天天頭暈目眩，著實不喜歡當下的磁場，甚至想要離開這個團隊。此刻遠方的宇宙竟有一個訊息來到她的心中：「妳有個

任務必須幫助這群人知道此生的課題，擴大他們能夠服務他人的能力與行動力。」

因此桂如運用她的念力、願力與熱情付出相當的心血，在長興擔任過三屆主席，從十二個人開始喊白金，是台灣第一個奮力呼喊成為白金分會的團隊，也刺激了其他分會競爭的動能，帶領著團隊向前邁進。

願有多大力量就有多大，經過曲折離奇的努力，終於讓長興在 2013 年四月超越五十人，與長榮分會並列 BNI 在台灣的第一個白金分會。雙白金，震撼全台！

桂如深知宇宙三要素（物質、能量、訊息），但很難對不理解的對象傳達她的愛，有時甚至會引起誤會與負面效應，但她選擇平靜面對，喜怒哀樂的種種情緒，在旁人所看到的盡是喜樂。

在科學上，人類能夠看到的空間是三次元。第零次元（點）、第一次元（線）、第二次元（面）、第三次元（立體）。將三次元世界縮成點加上時間後就是第四次元（三次元世界拉成線），到第五次元擁有了時間軸分支（三次元世界構成的面），看到這裡大家可能已經亂了，何況宇宙最終可到第十次元！

因此，對於我們所不理解的一切，並非不存在，只是我們尚未擁有理解這一切的智慧與能力。所以**只能讚嘆**！

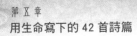

　　桂如所思所做不盡然讓人理解，如同汪洋中的一條船，艱苦掌舵向前滑，但心中的明燈卻永遠不會失去方向。

　　故曰：

汪洋之中一條船，心靈導航天際寬。

非商之商

林瑾梧

蒼林崎路一瑾瑜，千錘百鍊更唏噓；

揭簾探窗仰頭望，梧桐枝上葉已綠。

農曆七夕就是梧的生日，生在地靈人傑的大龍峒孔廟旁。父母親的爭吵是當時唯一看得到的連續劇。父親開貨車養著一家八口，因此梧跟著奶奶拾荒是小時每天的必然功課。

梧細說著……

夜深大雨，母親散亂著髮、頭破血流的帶著梧逃離了家，躲在鐵工廠裡。一早卻在父親的斥責中驚醒過來，接著又是一頓毒打，那一年梧四歲！母親就再也沒有回來過了！

梧排老三上有大哥二姊、下有小弟。梧站在板凳幫小弟沖泡牛奶，奶粉攪不散，偷偷置入口，滿嘴乳韻之香卻是當下最美的滋味。

姊姊發燒過了頭，導致腦傷反應慢，外加癲癇。父親拜託學校讓姊妹一起入學，小學一年級姐八歲梧六歲，卻由梧保護姊姊。

父親唯一興趣就是喝個幾杯，經常酒後要我們整列罰站，並且重複訴說著他的辛苦，不悅便開打。此刻，長孫阿公順勢帶走；阿嬤抱走小弟；姊姊有病，爸爸下不了手；果然被打最多的就是梧。

這一連串的發生，練就了梧逆來順受的特質。

國中畢業到紡織廠工作，包裝、繡補、踩平車到車標籤只花月餘即全上手。老闆是梧的貴人，動用關係讓梧到景文高職夜間部就讀。沒多久老闆結束了工廠出國養病，卻也不忘介紹梧到西裝布料店工讀。接著在校警引薦下進入了學校工讀到畢業，爾后轉正職。隔年，父親令梧協助大哥創業，開始了與窗簾結緣的路，而這一轉眼就是三十年過去了。

大哥選擇在三十年前裝潢店滿街的狀況下創業，著實充滿勇氣。大哥有著獨到的見解與旺盛的鬥志，他說：「既然要做就做全台灣最專、最好、最強。」造就了如今在業界的地位。這是大哥第一次的「果斷」。

因為有過去工廠的經驗，窗簾梧可以自己車，但壁紙地毯地磚卻必須請師傅，在成本過高的情況下，大哥做了一個關鍵的決定：「讓窗簾成為我們唯一的服務，此一服務將能更加專業！」這是大哥第二次的「明確」。

專業需要新知、需要新技術。

我們的新知來自日本進口書，請翻譯社翻譯後加上重覆的摸索，才能變成屬於自己的「知識」。

知識在沒有源頭直接傳承的狀況下，必須經過錯誤的經驗不斷測試才能變成屬於自己的「技術」。當然走了不少冤枉路，這種辛苦不是有正統教育的大企業體系所能理解，而我們就這樣土法煉鋼的走過來了。這是大哥第三次的「突破」。

因為大哥的果斷、明確、突破帶領下，兄弟們的齊心，我們走出了自己的路，當時大哥已有捲簾的生產線，「勁匠」也有車窗簾的七個同仁，自己培養的工班不斷壯大，從此相輔相成共造佳績。

小弟卻在此刻得了口腔癌，連番的手術與化療早已折騰得不成人型。

這一天還是來了，尚未四十的依舊困惑之年，老天帶走了他。這是梧不曾想過的問題，因為從小身兼母職的我，弟弟如同己出，這種痛……誰能想像？

哀鴻遍野的氣氛中，夥伴依舊要生存下去，梧只能忍著痛撐起了勁匠，因為這是企業的社會責任，梧以女性領導之軀獨闖企業經營之門。對客戶言出必行、以客為尊，對同仁共利共好共榮，如同自己的兄弟姊妹，此刻業績不退反進，跌破同業眼鏡。但梧知道再好的成績也換不回弟弟的生命。

只願胞弟能有一個無痛平靜快樂的靈魂！如同風箏不再掙扎，隨風飄向該去的地方。

瑾梧體悟著：人生的價值並不在名利，而是如何善用生命利益世間。因此，領導著這群有衝勁的匠師，為社會服務，為台灣打拚。讓客戶——

打開這扇窗，將看到世界充滿了希望！

拉上這幅簾，將感受這家充滿了溫暖！

梧的成長不是梁柱，卻是屋梁兩頭支架作用之斜柱。果真命如其名，看似非主，缺之卻無頂。雖是辛苦卻也甘來。

故曰：

瑾乃玉石必雕琢，梧為協助實無我；

歷盡艱辛簾後史，再啟光明不失落。

女性胸襟

林讌庭

美女如林無讌處，胸襟自在滿庭芳。

想在短短的篇幅中全然展現一位偉大女性的故事，確實是不容易的事，因此讌庭將這篇文章獻給最敬愛的母親。

除了所謂的天體營與部分的原始部落外，自人類有歷史圖樣與文字記載以來，男必護下體，女必遮三點，這是對傳承下一代的重視，更是安全感的保護。因此古今中外都有對貼身衣物的考究，然而這種演變儼然也成就了人類的文明進化史。

民國 40 年代的台灣正值日據末期與國民黨撤退來台的交界時刻，很多淒美的故事都發生在這個階段。

一位台灣北部大茶商生了許多孩子，卻把不哭不鬧的女兒送給了一對老夫妻，老夫妻自己親生的女兒無法生育，因此這個小女孩卻以千金之軀失去了富貴之命。

小女孩任勞任怨幫忙這個新家庭打點所有家事，直到國小畢業。女孩告訴自己：「我一定要學得一技之長來養家活口，逆轉困境。」

來到了當時最繁華的中華商場，在內衣訂製店熬了三年八個月的學徒。其實當年的學徒市場中是外加擔任傭人的，似乎早已是那個年代大家對學徒概念的基本認知。

經歷了如此不合理的磨練，卻更激發了女孩奮發向上的決心，以僅有的小積蓄四處拜師學藝，在「學與做」的過程中享受著客戶掌聲，卻也不忘繼續精進。小女孩長大了，成為了人妻，以爐火純青之技藝開立了自己的第一間店。

雖然店面兼工廠確實很小，小女孩卻孕育著偉大的思維：「希望這每一刀下去都能激起女性的自信，這每一針每一線的穿梭也都能編織美麗的幸福」。

就在這樣的心念下，小女孩成為了讌庭的媽媽……

讌庭在裁縫桌下呼吸著，在裁縫機的節奏聲中成長，在一件件母親獨一無二的作品中茁壯。讌庭對眼前與耳邊的這一切聲響與律動再熟悉也不過了，因為這是從在母親的子宮內開始，就不曾停歇的共鳴。或許這就是現代人所謂最完美的胎教吧。

讌庭一路以傳承母親的精神與技藝為職志，實踐家專服裝設計科畢業後，擔任了華歌爾助理設計師。同時也學習了西洋與東洋兼併的卓越技術，融合了中華民族女性特有的古典美、西方浪漫的元素、人體工學的考究，不斷打版研究，不斷推陳出新，不斷革命改良，如此嘔心瀝血只為傳承母親

偉大的精神。

學成之後，束衣小鋪在讙庭的蛻變中聲名大噪，堅持量身訂作，雕塑著每一個完美的曲線，剪裁著無懈可擊的舒適與極緻貼身的保護。讓女性的姿勢與姿色同步展現，讓美麗與健康不再背道而馳。

讙庭為何堅持一人一版而不量產？如此不是與市場的方便性相左嗎？如此不是成本會提高、利潤會降低嗎？

讙庭說：「錢財是生活的工具，人類卻不該是財富的傀儡。若是今生無堅持，死後何嘗有意義。」

天底下沒有任何一個相同的指紋，沒有任何一雙完全相同的眼睛，即使是雙胞胎也都有不同的特徵。

當然更不會有相同的一對胸部，如何能夠讓每一個胸部只是依照罩杯分類販售呢？

女性希望胸部有傲人的美感，其實是自信的缺乏。並且穿錯了貼身衣物不但會造成不舒適，更是大大影響了健康。

心靈是影響身體的關鍵，身體與外表卻也是反饋心靈的元素，當乳癌找上了門，當乳房必須被割除以維繫生命，卻是女性自信更嚴重的打擊。因此束衣小鋪也開始致力於乳癌患者貼身衣物的精密重建，將自信與光采在希望中重新啟動。

　　束衣小鋪從開立至今五十年過去了，沒有廣告，只有姊妹們的口碑相傳。

　　誰不愛錢？但我只希望踏實地賺錢，當每一位女性穿出自信、穿出健康、穿出自在、穿出幸福的時刻，就是我人生最大的滿足。

　　「我打造的不只是內衣，是打造女性身體的遠見，是打造女性內心自在的靈魂，更是建構台灣女性特有的『胸襟』！」

　　故曰：
　　束衣展自信，小鋪大胸襟。

魔術導演

武傳翔

哈利波特並非魔，變化無窮卻是術。

詠春葉問躍武門，流傳千古翔紅塵。曾子丹演活了葉問，外型容貌酷似曾子丹的武傳翔卻演活了魔術。

武傳翔的祖先是江蘇的中醫世家、更是清代御醫，在太極學中醫界中有重大貢獻。

爸爸是飛彈的研發人員、非軍人、非公務員，媽媽是國小老師。一個大三歲精通行銷的企劃專家姐姐，感情甚好，羨煞旁人。

在這樣的一個多元而有學養的家庭背景下，武傳翔天生卻只喜歡魔術。

沒有人不喜歡看魔術！打開電視看到魔術表演，關上電視他就會了！這樣的魔術底子無師自通、渾然天成。

因此從高中開始就靠魔術賺錢。在新竹高中設立了魔術社，開始了魔術教學，40 人的高中班上，竟然至少有 30 位同學會用撲克牌表演魔術，可謂盛況空前，紅極一時。

其實，當時並不知道有魔術道具這玩意，翔卻用最原始的材料開始了魔術的生命。

當明白了「更精采的魔術確實需要更專業的道具」，武傳翔終於領悟「原來魔術是個燒錢的行業」。

但武傳翔並不愛賺錢。為了探索魔術的根，自己花錢自助旅行美國、英國、北京、日本、韓國、義大利、泰國、新加坡、香港、菲律賓，這樣的尋根之旅終於有了個重大發現，就是──魔術產業真的很慘。

因為，大家總覺得魔術只是表演、只是騙術、只是老千，只是年輕人把妹的工具。這真是對魔術的最大汙辱。

翔希望魔術表演能成為藝術，而不是騙術。雖然早已習慣被叫多年了「武老千」，卻希望就此開始烙印大家對武傳翔永恆的記憶。

抱著興奮、快樂、期許的心情前進「世界一級戰場矽谷」，翻攪著魔術的鍋爐，翔已忘我。在 LA 住了五個月，他感覺人生就像賭注，在莫名的感動中下定了決心貢獻其一生給魔術界，開始以魔術導演為職志，讓魔術成為真正的藝術。

武傳翔在藝術大學戲劇系主修導演，專攻劇場導演。但他知道沒人相信太年輕導演，因此他願意在歲月中繼續歷練成熟的可信度！

他喜歡的是劇場而不是電影，

他感動的是現場而不是剪接，

他要的是唯一而不是重複。

因為，**魔術就是劇場！是現場！不是電影！**

有一天醒來，翔突然發現自己全身不能動，感覺生命竟已在旦夕，這樣的恐懼終生難忘。詳細檢查後，才發現是椎間盤突出。經歷了這場奮戰，翔更清楚了生命的可貴與無常。

翔給自己變了個魔術，讓自己重新展現生命力與戰鬥力。

什麼是魔術？翔說：「不可能變成可能就是魔術！」

筆者問：「魔法與魔術有何不同？」

翔答：「**最高境界的魔術就是魔法，如同哈利波特的魔杖千變萬化，如此的魔幻感，卻沒有任何人可以破解的魔術就是魔法。**」

這樣的魔法是沒有任何隱藏「Nothing to hide」的頂尖表演藝術。

武傳翔期許自己能夠在不久的將來創立真正具規模的魔術學院，培養更多的魔術藝術家，帶給人們歡樂、希望與激勵。

　　魔術是上天送給翔的禮物，而這禮物卻衍生了更完美的禮物，就是在表演的過程中認識了難以計數的生命貴人，這更讓翔感動與感激。

　　翔說靠魔術賺錢很容易，卻將迷失了人性。破壞魔術可以賺更多錢，如同發明電腦病毒再寫解毒軟體一般，但卻讓這種因神祕而產生的美感蕩然無存。

　　魏德聖導演的《海角七號》、《賽德克巴萊》膾炙人口、歷久彌新。殊不知一場又一場的精采演出竟都是大筆借貸所冒險出來的果斷。這是病態的堅持嗎？不！是為藝術犧牲奉獻所創造出來的價值。

　　魏導的令人感動來自其可敬可佩的藝術靈魂。

　　而武傳翔所追求的魔術表演，更是劇場導演的最高藝術價值。

　　故曰：
　　一代女皇武則天，開經傳誦偈千年；
　　魔法巨導武傳翔，萬人震撼一瞬間。

長鵬展翅

洪逸瑞

威若洪門逸仙來，瑞不可擋長展開。

1964 年的佛誕日農曆 4 月 8 日，這樣特殊的日子，台灣也誕生了一位奇人，開始醞釀著各種令人讚嘆的奇蹟發生。

年幼家境困頓，逸瑞從進入建國中學就開始半工半讀，包含進入輔大歷史系，一直到完成研究所的學業（淡江大學管理科學研究所企業經營碩士）。然而不斷學習卻也是他不斷突破、達成新目標的方式。因此，逸瑞在本質上把自己當成了「永遠的工讀生」。

父親嚴格的人格教育，讓逸瑞養成了一絲不苟、剛正不阿的習性，但內心熱情如火的他卻也因此顯得壓抑，導致形成了濃烈的悶騷特質。

逸瑞的私人生活可以用深度神祕來形容，卻也是一位「見微知著」的能者。

在自家陽台種植著花木，卻能看到心中大片的森林；

在客廳的沙發閱讀著書報，卻能夠鑑古而知今；

在街頭獨自看著電影，卻也能夠產生對未來創造力的靈感與思緒。

筆者問其挫折。逸瑞說：「天天都有考驗，天天都有挫折。」

勉強微笑地擠出，最大的挫折應該就是「記憶力衰退吧！」的答案，從這裡完全可以看出其極度內斂的特質。

記憶力衰退的說法只是不想多談負面回憶的幽默語句。讓自己充滿正能量，永遠讓自己向上提升。

記憶力衰退更是一種凡事忘我的展現。因此「目標導向」的逸瑞只有目標、忘了自己。

人生之所以有太多煩惱，就是因為「想忘的忘不了，想記的卻記不住。」

逸瑞卻沒有這種困擾，因為他永遠只想著如何完成下一個目標的計畫與方法。他說：「每個人腦容量都有限，我只能記得這些。」

最難忘的事：是公務人員特考第六名，逸瑞卻選擇不進入公家機關，因為熱愛規律的逸瑞更愛自由與挑戰。

大學讀歷史的他怎麼可能記性不好，對於古今中外的來龍去脈如數家珍，然而對於台灣環境與經濟的脈動更是深入研究，因此全心投入金融產業。

歷練花旗銀行、中國信託、渣打銀行、世華聯合商銀，對於房貸服務、消費金融商品企劃、顧客價值分析、行銷策略擬定與執行均有完整的實務經驗。

過程中更參與了各種訓練課程、擁有了多張相關證照，相繼獲得花旗與渣打銀行的卓越服務獎，可謂戰功彪炳。

對於金融已瞭若指掌的他，2007 年轉戰不動產至今，因為金融房地產本一家！

逸瑞對於團隊合作與教育訓練是熱中的，因此參與了 BNI 商務引薦平台，擔任過長發分會主席、獲得過多項最高榮譽，並且接受了開辦新分會的挑戰。

2013 年 7 月 2 號偉大的日子來臨，台灣第一個以 51 人啟動的 BNI 分會正式開始運作，當其他分會還在牙牙學語的狀態，這樣一個傳奇性的團隊卻突然以黑馬之姿蹦出，令人驚豔。

這個分會就是逸瑞所領導的長展分會。並且 2014 年以超過八十人的團隊成為 BNI 全球第五大分會。這是多麼令人雀躍的成績，令台灣所有夥伴與有榮焉。

然而成功不是偶然的，長展團隊的竄起，關鍵中的關鍵人物就是逸瑞。

這過程並非沒有挫折，並非沒有困難，從只有五個人變

成十五個人很快,卻也停擺了一段時間。

然而目標導向的逸瑞却不斷信心喊話、不斷激勵夥伴、不斷給予願景、不斷再造希望,有條不紊準備所有的道具,規畫所有的流程,經歷五個半月後順利達標。

2013 年 7 月 2 號這一天,令團隊 51 個成員永生難忘。

讀歷史出身的逸瑞,此刻也同步留下了典範,記錄在 BNI 的歷史上。

天馬行空的逸瑞有著戲劇般的藝術細胞,對生命寫著一部部精采的劇本,「目標導向的創意」只是他的基本習慣。

逸瑞正繼續向下一個目標努力,因為他說:「只要我想要,沒什麼不可能!」

故曰:
逸馬行空奔萬里,瑞氣千條青史立。

台灣製造

許宏 H2

許你一個未來，讓你紅透半邊天。

是的，我就是許你一個未來，讓你紅透半邊天的許宏。

這是本書最後動筆的一篇動人故事。其實，筆者早已在十年前寫下了暢銷書成就一瞬間，只是再經歲月的洗禮，所有的感受也全變了樣！但短短千餘字如何寫下這些年的歷練與成長？

回首今生，已是 45 個年頭過去了！

許宏出生在金瓜石，當時已經是個沒落的窮鄉僻野。打著赤腳到處跑，午間爬到榕樹上睡覺，在枝葉的縫隙中感受著 80% 的涼爽與 20% 的陽光分子。偶遇毛毛蟲掉到臉上，卻也隨緣輕撥，將牠放回樹幹，期待下次見面時已是穿上蝴蝶的炫彩衣裳。

夏夜裡牆壁依舊滾燙，因為不知冷氣長什麼模樣，只得打著赤膊躺在地上，聆聽地底傳遞的感動分享。

那時的小溪流處處可見魚蝦亂竄，我也喜愛陪著螃蟹玩個躲迷藏。

三點起床，只為獨自爬上更高的山，眺望遠處海岸線綻放的旭日希望！

鄰居很多阿美族，喜歡彈著吉他盡情歡唱。練著原住民式的中文發音，這樣的日子是真的很快樂的啦。不知各可以理解的嗎？

聽著父親講著鬼故事，陣陣狼嚎般的狗叫聲，真是從腳開始覺得冰涼！

沒有光害的當時，無風無雲的夜裡，我躺在門口廣場的石板上，細數著永遠算不清的星光，我找著──究竟我來自何方？不覺淚已濕了臉龐。

小學二年級發現自己會作詞作曲，看不懂樂譜卻可以寫出完全符合樂理的動人歌謠。樂器只要懂得如何演奏音階，輕鬆便可展現各種已經熟悉的旋律！

但，我只能當興趣，不敢擁有摘星的奢望。

年少輕狂，以為逞兇鬥狠才算男兒漢，留校察看還得賠上父母羞愧的圓場，整疊的全校第一的獎狀似乎沒有讓自己感到有了光芒，卻放棄聯考圍事賭場，這一晃人生全失了方向。

在孫武撰寫《孫子兵法》的故事中，看盡了人世間的蒼涼，原來自己太過魯莽。1990 年的四月五號，徘徊社會邊

緣，卻在感動的剎那頓然驚悟！

於是，我到了土城承天禪寺尋找真理，在和一位出家苦行僧一起劈材暫歇的片刻，我問了師父一個問題：「**請問師父『義氣』這兩個字何解？**」

師父望了望我，說：「**學佛的人要講慈悲心，不是講義氣！年輕人勿染江湖之氣！**」

當下有如棒喝！淚如雨下，一路狂飆回家，媽媽正在炒菜，我輕輕抱著媽媽，說：「**媽，我從今天開始吃素！**」

兩年的外島軍旅，我只回家兩次，從大金門到小金門，再從小金門前進大膽島，這兩年的歷程是人生蛻變的最重要階段。終於知道自由的感覺真棒！

第一次搭機回台降落松山機場，天空飄著細雨，**我趴到地上，親吻了台灣！原來台灣土地是如此香芬！**

退伍後補習兩個月上了淡江化學系，一路念到碩士畢業，在美麗的淡水度過了燦爛的六年。寫歌、玩樂團、西餐廳駐唱、教吉他、當家教、教補習班，卻也拿下了精采的成績，因為我知道我的生命沒得再放蕩。

在台灣本土龍頭的藥廠擔任訓練講師，卻在熟絡了所有的醫藥文化後投入了保養品、精油、保健食品的市場，因為如果可以不要用藥物就能讓人們美麗健康又快樂，這是多美

的好事一樁。

被跨國公司派去新加坡演講，被當地的企業家相中挖角，於是開始了海外發展的生涯，東南亞的每一個國度與市場如數家珍，結交了很多國家的朋友，擁有了多元的跨國資源，成立了跨國際的團隊，這是我人生視野第一次的真正放大。

陳水扁當選總統，在台灣經濟開始走下坡的時刻，我選擇回到台灣，希望能為台灣奉獻一點心力，雖然我知道——個人的力量很渺小。

2005 年，我開始以企業軍師的角色前進顧問業市場，親上火線，擔綱重任「總顧問、執行顧問、總經理」。從無到有，建構了集團化的企業文化與專業的運作機制。

但對業主而言，顧問必將是過客，功成身退也自然。

擔任顧問時期，進入了出版業，自己也跨界成為了專業另類作家，一年內完成了四本著作，成就一瞬間、美容一瞬間、行銷一瞬間、領導一瞬間，也為父親許勝雄編撰《藏風聚水 DIY 祕笈》，這些書十年後的今天依舊傳頌。

退場之後，當時跟隨的幹部們卻不知何去何從，希望我能自己開創自己的事業，讓他們能有安身立命養家活口的地方。也就在這樣的企業社會責任的使命下，2008 年法拉儷國際有限公司成立了，專注於專業美容市場，提供專業的

美容保養品、保健食品、植物精油以及完美而到位的教育訓練。

但，台灣人對於美容與芳療的專業品牌總有進口的迷失，總有對原物料錯誤的認知。就在一連串食安風暴、化學物質毒害食品、油品事件層出不窮的當下。我決定了開立屬於自己的化妝品工廠，成立了葒陽生物科技集團，以精油藝術工廠為主體，以 MIT 台灣製造為標竿，從銷售業變成製造業，因為我知道台灣是我們的根，我們必在此深耕才能安全健康的茁壯。

我們不問國家、政府為我們做了什麼，卻必須問問自己能為台灣做些什麼！

雖然台灣有著這些負面種種的不堪，我們卻依舊信心滿滿，用我們的專業、用我們的經驗、用我們的整合力、用我們的創造力、用我們不滅的熱情來迎接挑戰。

因為，未來必須靠我們自己去創造。

台灣的歷史不是早已寫好的劇本等待我們扮演，而是必須用我們的生命付出與展現，才能光榮寫下歷史的詩篇！

台灣製造出了很多的第一，但我們希望能夠創造出更多的第一。

許宏就是要以精油藝術工廠寫下歷史，希望能讓全世界

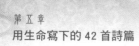
嗅吸到來自台灣精油藝術團隊所調配出來的芬芳。

音樂、繪畫、香水是三大藝術，而精油就是香水的最關鍵元素，只是當化學香精被研發之後，從此香水工業再也沒有天然的立足之地。

這是一個香水革命的時刻，革命的地點就是**台灣**！

我們以頂尖的專業努力奮鬥，即將顛覆世界的思維，重新排列人們的嗅覺神經元！

不久的將來，全世界的人類說到香水與精油，將會提到的不再是巴黎，而是台灣！

許宏是藝術家！

許宏是音樂家！

許宏是最專業的精油芳香大師！

許宏擁有全世界最專業的調香師、芳療師團隊！

最重要的是——

許宏是一個台灣人！一個赤腳踏著台灣泥土、吃著台灣滋養的一切而長大的台灣人！

我們正將透過這本書，讓台灣感動的香芬隨風擴散至全世界！

台灣的大商們正燃燒著生命與智慧，榮耀著共同熱愛的台灣！

故曰：

沒有能不能！只有要不要！

許宏說：我要！

再造高峰

許峯榮

期許攀登最高峰，眺望人生也光榮。

峯榮外號大山，不只因為來自名字的關聯性，從其經歷更可探知端倪。因為他所做過的工作類別真的多得像座山。

大山在高中曾是灌籃高手，因為身材高大占盡了運動場的各種優勢，堪稱全能運動員。在一次灌籃時，尾椎著地，雖未身殘卻也從此無緣了金牌夢。

中華大學機械系畢業後，大山做過中西餐各種餐飲服務生、內外場、廚師、快遞、印表機外務、紙廠外務、電話行銷業務、生物科技公司經理、環保產業、產學合作機構、廣告設計、通訊公司……

但，滾石不生苔、轉業不聚財。大山的事業果然就在起落中翻滾。

大山與一位長輩投資了環保生物科技，以微生物分解的概念研發出了一套特殊的商品與技術服務，所有的預算與管銷費用幾乎都是大山所提供，客戶由大山親自開發，處理所有噁心的環境問題也由大山一手包辦，甚至親身深入化糞池

處理。但是，大山卻甘之如飴……

當公司步入軌道之後，這位長輩卻聯合一位外人設局陷害，讓所有曾經的努力在鯨吞蠶食的圈套中化為了糞土。

這個打擊不是只有事業的灰燼，更是對人性的徹底絕望。

幸好，大山娶了一位「三心兩意」的好老婆，貼心、細心、耐心、情意、善解人意。並且引導大山在主的帶領下面對人生所有的挫折，重拾對人們的信任，再度從谷底爬出來。這便是信仰帶來的力量，生命中真正的「愛的真諦」。

如此歷經大風大浪的大山，雖然壓力奇大，卻在此刻將濃厚的菸癮戒除了，只因為老婆每天只有一百元給大山過活，並且說了一句「戒菸真言」：「如果你是個負責任的男人，請你戒菸。否則你生病甚至死了，拿什麼負責任？」

大山有如地震般的撼動著，戒菸只因老婆的這一句話。

近年來，智慧手機爆炸性的發展，行動商務勢必是未來十年內最具發展的產業之一。

大山與好友張健一及張易永整合了成了一個夢幻型的專業團隊，全力投入行動商務 APP 的開發，在其各有所長的分工下，大山快速地又找回了對事業的熱情，以及對團隊合作的憧憬，因為大山知道確實個人的力量有限，豈能因噎廢食。

當然皇天不負苦心人，認真的男人最帥氣，何況一次是三個頂尖的男人。目前團隊已經成功地將台灣優質廠商所生產的商品透過行動商務 APP 推動到大陸、日本以及各個國度。

並且「台北自由行」專案更是在大陸開放陸客來台的大陸城市與名額越來越多的情況下，台灣的伴手禮的訂單量也將透過此機制不斷攀升，這豈能用令人興奮來形容。

此刻，大山突然發現過去做過如山的行業經驗如今卻都派上了用場。因為這一些歷練讓他更懂得客戶的需要在哪裡，對於市場的敏感度也越來越精準，原來這一切都是最好的安排。

身為台灣人的大山，心中默默的宣誓著：為「台灣製造」盡一分力，讓 MIT 發揚光大，就是團隊努力的終極目標。將台灣大商推向全世界巔峰的那一刻，就是大山打造光榮山頂的勝利之風。

大山感性卻堅定地說：「懂得不斷自我成長，目標將會自動靠近。」

故曰：
滾石人生磨稜角，轉業曾為米折腰；
翻攪糞土坑中泣，再造高峰享煎熬。

心想事成

許翊弘

許願翊日綻光芒，弘揚至善續輝煌。

翊弘在臉書上留言著：「要分清楚這是我想要要的還是大家想要的，很多事情一開始是大家想要的，隨著時間的物換星移卻會變成我想要的；相反的也是一樣。」

這或許就是翊弘對信念設定、心想事成的白話解說吧。

翊弘是在高雄出生、台北讀書、桃園長大、馬祖當兵的台南人，那到底是哪裡人？當然是台灣人。

從小搬過很多次家，因此看過父母做過很多種產業，幾乎到逐水草而居的境界。

高職讀了四年，三所學校，三種科系，會計統計、電子科、廣告設計，這也實在是破了紀錄。

退伍後進入了震旦行上班，主打 OA 辦公家具，創造了很多不可思議的成績，很多公家機關的案子都是翊弘開發出來的，最為印象深刻的就是桃園機場二期航廈之方塊地毯標案打敗了所有老字號的家具公司。

關鍵在哪裡呢？就在懂得完整為客戶想好每一個該想的步驟，做好完整的比較分析，並且已經都幫對方準備好。

這是處女座的翊弘心思細膩與完美主義所造就，第一年就已破年薪百萬。

但，為了深入資訊產業的環節，兩年後翊弘辭去了百萬年薪的工作，寧可以六千元的月薪到電腦公司當起了學徒。因為他知道只有如此才能摸清楚細節，學得完整的實務經驗。

「錢」對當年這年輕的小夥子而言其實是非常重要的，因此邊工作、邊投資，工作學到了技術與經驗，投資賺到了錢。真是充實的年輕歲月。

但，誰知天有不測風雲，三段投資（網咖、泡沫紅茶、家具）都賺了錢，三段投資卻也最後被夥伴所拖累、背叛、賠錢收場。此刻的翊弘終於懂得了，錢怎麼來就怎麼去的道理。

翊弘開始想著應該讓自己沉澱一下，重新整理思緒後再出發。因此花了比較多的時間在宗教的服務上。當然天助自助者，翊弘並非一個異想天開的人，而是更務實地讀聖賢書、學聖賢行。讀書在此刻竟是最大的興趣。

「定靜安慮得」是這段時間翊弘的最大領悟。

大學之道在明明德，在親民，在止於至善。知止而后有定，定而后能靜，靜而后能安，安而后能慮，慮而后能得。

　　原來人生的大道理，在小學在國中老師已經教得透澈，只是我們都只當成考試的工具。

　　雖說如此，翊弘也知道：「朝聞道，夕死，足矣。」

　　翊弘想著要給下一代什麼樣的「環境」，讓他們能夠快樂的成長，明明白白的做人。原來過去所想的一切都太複雜了，幸福其實就這麼簡單。因為，留下一個可以學習、成長、發展的「環境」，勝過所有財富以及有形的一切。

　　就在此刻，翊弘偶然間接觸了付出者收穫的商務引薦平台BNI，到當時台北的一個分會參訪，看到了所有與會的人，臉上的表情都是如此快樂，翊弘知道這就是他要找的「環境」。拿出他的積蓄取得了BNI桃園東區的經營權，開始了全職的「付出者收穫」。

　　兩年過去了，翊弘幫助了很多夥伴在事業與人生道路上找到了方法與方向，也為下一代立下了成功的典範，雖然距離大成就還有很長一條路得走，但是翊弘已經做到了止於至善。並且將長長久久如此堅持正確的方向，付出者收穫，定靜安慮得。而這長長久久或許又是來自翊弘九月九日出生的巧合！

2014 年 12 月底，翊弘所經營的永恩分會超越 51 人成為了台北市以外第一個白金分會，並且持續超越成為超過 61 人的超級白金分會。

2015 年 4 月新的會期開始，永恩分會又創下了紀錄，年度續約百分百，整年的過程沒有任何成員願意放棄這個繼續與大家共襄盛舉的機會，這就是領導格局與向心力的展現。

翊弘說：「成功的發生是信念而不是區域，人才的聚集是願意而不是熱鬧。我證實一件事：具有爆發力的團隊不一定發生在都市。」

故曰：

定靜安慮得，心想必事成。

健康烘焙

常孟渝

健康原始的烘焙，才有幸福的感覺。

孟子曰：「人之異於禽獸者幾希！」意思就是說：人與禽獸的差異是很少的。

但人之所以為人，就只是因為人有人性，若失去了人性，做出非人的行為，如此枉稱為人，甚之比禽獸不如，因為禽獸尚未有如此判斷是非智商。

食安風暴激出了消費者的憤怒，卻只見非人所為之行猖獗於坊間，這實在令人痛心疾首。為什麼如此泯滅良心的行為竟然可以一再發生、政府與社會卻束手無策？

因為這世間太多簡單的事情，人類卻把他變複雜了。

簡單的食物，為了變化口感、增加賣相，添加了化學的香精、色素、起雲劑、塑化劑……

這除了歸咎於人性的貪婪外，就是自稱萬物之靈的人類太過自作聰明了。

化學製造出來的一切，是給人吃的嗎？家畜吃了之後，

不會變成人的食物嗎？但，市井小民能改變什麼？選舉變天了又能改善什麼？

人們開始只能自求多福，找尋著原始風味的良心！

孟渝在員林農工食品加工科畢後，於麵包店工作了五年，繼而在飯店服務了十一年，過程中認識了當時擔任飯店主廚的許燕斌，兩人在孟渝 23 歲時進入了婚姻生活。

許燕斌是林口醒吾科技大學餐飲管理系現任系主任，夫妻聯手培育人才、新品研發，期待能從教育端開始啟發人們對食物安全衛生的重視。

當然，賣相價格與安全衛生經常是背道而馳的。一路走來，夫妻倆也經歷了很多的考驗與挫折。然而，善念是有聚合力的，專業的顧問群陸續集結共聚一堂，只為了「**尊重食物**」、「**找回人性**」。

多年的努力，夫妻倆所主導的創新育成中心終於有所成績展現，培養天然酵母菌所做出來的天然老麵包，完全無香精與色素的系列小點心，此刻「賣相與天然」已不再對立與衝突。當看到顧客滿意的幸福笑容，更是令誰都會感動。

畢業的學生回來分享近況、工作發展順利，這都是令人開心的消息，但是沒有比學生們能夠有良善正確的觀念製作食物的這件事更令人欣慰了。

除了糕點以外，孟渝因緣際會接到了一個意想不到的合作案，製作原汁原味的黑豆醬油。因此開始前往花蓮當農夫，種植黑豆，從種豆到釀造，事必躬親。如人飲水冷暖自知，農夫的辛苦，夫妻倆此刻深刻體會。第一批黑豆………被山羌與山豬吃得精光！

又是幾年的光景過去了，孟渝終於成功釀造了第一批八甕、SGS 八項檢測通過的醬大師黑豆甕釀醬油，此刻誰能不雀躍。但，因為純天然，無香料色素，孟渝發現了一個鮮少人知的祕密。

原來，黑豆甕釀的醬油並不黑，黑的是人心。

故曰：
孟子古已有明喻，堅持人性死不渝；
黑豆甕釀並不黑，莫將六道通地獄。

咖啡的感動

黃中修

黃褐咖啡杯中香，修練凡塵振群芳。

瓜地馬拉出花神，風味香醇韻如春；

微熏果酸潤七魄，入喉細品謝天恩。

這是咖啡王子黃中修最喜歡也是賣得最好的咖啡。若要談起咖啡經，中修可是三天三夜也說不完。

他是一個愛咖啡成癮的年輕人，因為遍尋上等咖啡豆，卻經常有一搭沒一搭的斷貨，因此中修決定自己進口，就這樣開始了咖啡的創業之路。

一位民生報的編輯，採訪時遇到了一位西藏高僧，傳承普陀香祕方，爾後又被認證為轉世仁波切，這樣的殊勝因緣發生在中修的家中，此傳奇人物正是其父親大人。也因如此，中修有著與生俱來的悟性。

在推廣咖啡批發的時期，與一位自閉症患者的媽媽談著事業觀。

但這位媽媽跟他說，兒子與中修差不多大，因為這種自

閉的狀態，找不到工作、易被排擠。到親戚的事業上班一個月，卻以績效不好為由不發薪水。是可忍，孰不可忍？

中修一股正義之氣、一陣菩薩慈悲的心念，脫口而出：「來我這上班，我來開店吧！」

一個月後，店開了、生意忙到爆。那位媽媽哭著感激的說：「我以為是您開玩笑，謝謝、謝謝、謝謝⋯⋯」

中修的第一家咖啡直營店「昇昇精品咖啡」就這樣開始了。

第二間又開了，又雇用了一位統合神經不良的夥伴來幫忙，夥伴的媽媽也哭了，感激著兒子終於有穩定的工作了，當然店又賺錢、忙翻了！

這是中修畢生難忘的典故，一個善念、一個執行力，幫助了兩個身心障礙人士，幫助了兩個媽媽，也幫助了自己成功展店、開拓了自己的事業。這種喜悅遠比金錢的收穫更加令人振奮。

舊金山州立大學畢業的中修並非只愛咖啡，學過二胡、長笛。大二時到紐約百老匯看《歌劇魅影》，從此愛上音樂劇。大學同學的父親是高級音響工程開發，在閒暇幫忙之餘，也培養了多年的專業音響素養。

中修的咖啡因此加入了音樂頻率共振的元素，讓每顆咖

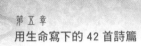
啡豆在烘焙的過程中也融入了藝術的內涵，更滲入了快樂、
平靜、放鬆、振奮、典雅的正面因子，再加上天助自助者的
修行精神。

　中修的咖啡不斷綻放著，別無分號的靈性芬芳，濃郁、
香醇、源遠流長！

　故曰：
　菩薩心念咖啡香，濃郁香醇遠流長。

天下英語

黃心慧 H3

心有多大，天下就有多大。

很多人以為英文名字就必須是常見的 Helen、Mary、John、Steven……

其是名字就是名字，為何要用這些外國人所通用的菜市場名呢？從小聽到耳朵都快長繭了，因為重複性實在太高了。

當我聽到電話的那頭傳來說：「你好，我是 Steven.」我的回答竟然是：「請問您是哪一位 Steven ？」

身為華人的我們會因為自己的名字太過普及而請命理師依照八字五行為我們改名，但英文名呢？

我們忘了中華文化的博大精深，我們忘了每一個中文字都充滿了典故與能量，我們忘了我們是炎黃子孫，我們忘了我們有祖先給我們的偉大靈魂。而這個名字正是我們父母親送給我們小小耳朵的第一份溫柔的、期許的、祝福的愛的禮物、愛的聲音、愛的呼喚。我們豈能不珍惜？

英語能力很強的英文老師非常多，但筆者畢生最敬佩的一位就是黃心慧。因為從不用另外取的英文字，只有中文譯音的英文名（Hsing Hui Huang），縮寫就是 H3。

英語文是一種美麗的語言與文字，不論在世界的歷史發展如何，畢竟英文確實是地球上目前最多人種通用的國際語言。

語言的重點是溝通，溝通的重點在了解。將文字變成藝術的範疇之前，我們必須先明白——其實英文是個工具、人際交流的工具，把英文視為全世界最重要的工具絕不為過。

我們不需要在對老外開口的時候都說：「Excuse me ！」或「I am sorry,my English is poor ！」

因為，英文不好是因為我們太少去運用、太少去用心、太少與英文培養感情變成好朋友、太少讓英文變成我們生活的一部分、太少讓英文成為我們前進世界的能力。

但是，我們並沒有對不起老外，為何要說抱歉？

這是與 H3 第一次見面聊天時，H3 給我的震撼教育，我感動至極！

因此 H3 在美國留學兩年之後毅然決然回到台灣，因為他知道他有一個很重要的歷史使命，就是：**幫助與看見！**

H3 想幫助台灣越來越多的人懂得運用英文讓自己增加自

信，讓自己被看見、被全世界了解。當越來越多台灣人被看見、被了解，我們何患台灣不被看見呢？

我們不要等著運動員得金牌時才能唱國旗歌，我們不要等著製造機會時才能穿國旗上版面。

我們要用語言征服全世界，因為只有充分的表達才是逐鹿中原、跨足天下的基本實力。

我們不要期待國際同情，不要永遠以弱者自居，男兒當自強、台灣必壯大。

在任何一個領域，我們知道勝者為王的道理，所以 H3 在教育學生的同時都告訴學生們：「我們只要用心的做好每一個我們的專業，再運用語言的優勢，就能為台灣的尊嚴產生加分的效果。」

台灣需要的不是保護、不是同情，而是自立自強展現實力讓國際靠攏所贏來的尊敬。

H3 想要中華文化與台灣的美讓全世界更多的人看到、更多的人知道，這是 H3 對傳統文化與這塊土地的使命與愛。在 H3 的英文教室白板上清楚掛著一個清朝時期的匾額——狀元。這是一個多麼事實勝於雄辯的熱情啊！

H3 也喜歡教育外籍的學生，以英文向外籍的學生分享中華文化與台灣之美，讓老外能夠對台灣有更深層的認識，進

而產生認同感，甚至愛上台灣所有的一切美好。

H3 的英語能力連老外都尊敬、都讚嘆，同步翻譯還能即時複製情緒，並且讓雙語雙邊無障礙。

H3 的英語課程從不重複，每一次的主題都是這麼令人驚豔，尤其是對本土與歷史文化深入淺出的分享，讓天下英語已從工具進階為文化的饗宴。難怪老外也會用中文說：「這是我的菜！」

H3 說：「我不懂政治、不碰敏感帶，但是我有一份對台灣深深的熱愛，因為這是我生長的地方、更是我們共生共榮的根。」

「然而在英文裡，我生命中最愛的名詞叫 Taiwan，最愛的動詞叫 Help，最愛的句子是：

「I come from Taiwan, I can help you.」

天下英文不只是招牌、更不是口號，而是 H3 使命必達的終生職志。

因為黃心慧決定要帶領有志一同的學員

以英語征服天下！用文化融合人心！

故曰：
心有多大，天下就有多大。

愛的傳達

黃彥凱

黃河之水天上來，彥士凱旋樂開懷。

阿凱曾任 IAA 中華芳香精油全球發展協會主任，擁有多張國際芳療師認證，包含美國 NAHA（Level1 & Level2）、澳洲 ICIM、美國 INHA、中國高級芳香保健師。另外，還有美國 T.M.T.S 協會催眠師認證。可謂證照等身。

現任 AFA 中華亞太香氛精油樂活協會理事長，也是筆者所經營之法拉儷國際有限公司的芳療訓練部教育長。

這樣多的認證難道是阿凱原本就想擁有的嗎？不，彥凱畢業於中原大學國際貿易學系，與芳療精油一點關係都沒有。甚至一開始的認知是以為精油就像汽油一般隨時會爆炸。偶然間受邀聽了有關精油的講座後，接受當時講師的引導，改善了困擾已久的呼吸道過敏，天蠍座的個性也開始天馬行空地改變，絕對的理性開始加入了感性的潤澤，絕對的自我也容許了他人思維的進入，絕對的封閉更開始了對周遭人事物的關心與付出。心境更是開朗、快樂了起來。

這樣迅速轉變，震撼了阿凱自己思維的象牙塔。不覺中

已經深深愛上了精油，並且將這種對香氛的喜愛，從興趣轉為了事業。於是阿凱開始認真地找尋所有相關的課程，埋頭潛研芳香療法的一切。

在這學習成長的歷程中認識了亦師亦友的玉翔老師，在玉翔刻意給予的機會與鼓勵下，阿凱這塊玉石的雕琢有如飛翔般的快速與精準，終於阿凱站上了芳療講師的舞台。

有一年的冬季，阿凱與協會的夥伴一起參與「老五老基金會」所舉辦的活動「送年菜給老人家」。

濕冷基隆的冬天確實讓人不舒服，但到了現場卻發現超過 30 位參與的熱情朋友已經到達，阿凱的感動開始燃燒，所有的內心障礙全都拋向了九霄雲外。

阿凱與三個活動參與者被分配到了三位獨居老人住處關懷、送年菜。

其中一位阿嬤看到了阿凱，開心的打開了話匣子，一見如故、無所不談。談她兒子的不孝、談她年輕的丰采、談她思念的已故夫婿，談到老淚縱橫！

此刻的阿凱忍不住鼻酸，想念起了家鄉自己的阿嬤，這兩位雞皮鶴髮的阿嬤還能活多久呢？自己還能有幾天可以孝順的日子呢？

阿凱從包包裡拿出了隨身攜帶的精油，變魔術給阿嬤看。

其實就是將薰衣草、迷迭香、甜橙、檀香各滴了幾滴在荷荷
葩裡，搖晃一會之後，幫阿嬤按摩手部、按摩肩頸。

阿嬤閉上了雙眼，享受著幾十年來不曾享受過的天倫之
樂，從阿嬤的淡淡的笑容中，阿凱看到了阿嬤感受幸福的滿
足。

阿嬤說這個味道真好，阿凱把這瓶剛調的精油送給了阿
嬤，告訴阿嬤說：「阿嬤想我的時候就拿出這瓶滴幾滴，
塗在手上深呼吸，就會如同我在您身旁。放心，我會再來看
您，會再來幫您按摩！因為您就是我的阿嬤……」

因為還有下一個行程，一行人必須離開了。阿凱與阿嬤
結束了短暫的相聚、期待下一次的再會。兩人都不捨地留下
了淚來，因為誰也不知道還有沒有下一次！

樹欲靜而風不止，子欲養而親不待！

這是阿凱人生最重要的一課，因為他在與阿嬤互動的過
程當中，除了懂得珍惜現有的一切外，更明白了芳療專業講
師所背負的使命，不再只是味道與配方的調和，更是愛的傳
達！

故曰：
芳香精油千百載，美化生命激發愛。

先鋒部隊

黃豐盛

黃金造屋稻收豐，鑽石寶盆溢滿盛。

光頭、活力、陽光就是豐盛第一眼的感覺。自行環島高峰冷、超越全馬三鐵人；翻閱原文練外語，古文觀止耀今生。

淡江企管、東吳企研 EMBA 畢業的企管專才，喜歡運動、熱愛挑戰是豐盛精神充沛的祕技，大量閱讀、勤練語文更是豐盛強化腦力的利器，因此文武合一更豐盛。

大學時期打工只能做做餐廳、便利商店，收入太低。因此在國中同學的慫恿下接觸了傳銷事業，彷彿看到了快速成功的捷徑，卻造就了豐盛的滿身傷口。大量囤貨，卻在退伍時才將貨清空，對家人的愧疚不可言喻，也讓豐盛提早感受做生意切勿躁進的警惕。

退伍後進入了動點顧問公司，總經理余鑫森可能是以罵人起家的，平時罵聲不絕鮮少讚美，印象中唯一的讚美可能就是：「豐盛！你的好處就是願意聽人家罵！」

所有的教育訓練都用罵的，開發客戶、作業 SOP、輪調、升遷、帶人，這一切都用罵的，把當時 28 歲的豐盛罵到了

年薪百萬！

原來余總是為豐盛好，罵是為了調教，是恨鐵不成鋼，是充滿期許。這就是豐盛職場商涯中最感激的貴人。

但，這樣也很糟糕，因為豐盛的領導模式幾乎完全複製余總的狂罵「風」格，甚至更「勝」一籌。當然此刻的豐盛早已拿捏得恰到好處。

2008 年豐盛開始與老同事合資創業，經過了兩年半公司已轉虧為盈、損益兩平，此刻再度上演相愛容易相處難的戲碼，堅持分紅利的「穩健派」與支持增資擴大的「激進派」對決後分家。完全由豐盛獨資的誠遠國際管理顧問有限公司就在這樣的狀況下正式於 2011 年成立了。

誠遠國際為一專業的管理諮詢公司，由會計師、資深銀行人員及專業顧問組成。擅長於境外公司設立、財稅務規畫、跨國投資諮詢等項目。

最重要的是能讓有能力且意願的中小企業走進國際市場。這也是台灣企業前進世界非常重要的一環。

唐秀玲是豐盛碩士班的同學也是女友，因其成長的過程並不順遂，親人接連離世，因此格外珍惜當下的每一分鐘。她提醒著豐盛：「要把每一天都當作生命中的最後一天，思考後就積極去做最重要的事！千萬不要浪費時間遲疑與等

待。」這是除了媽媽外，豐盛在生命中影響其思唯最大的一位女性。

其實，豐盛本來就積極，只是心浮氣躁時卻又顯得急切，這是很多運動員的通病，洽似過多的體力沒有發洩，能量在體內流竄，沒有平衡，卻又找不到出口。

因此，豐盛開始進入付出者收穫的商業平台，以幫助為出發點，更藉此機會磨練自己的耐性，在參與團隊運作的過程中豐盛明白了，明白合作需要共識，有了共識就能共事，並不需要用罵的。

台灣人要走出去，希望讓全世界看見，直接在當地設立公司插上旗幟，將商品在當地推廣，其實就是最紮實的模式。然而這樣的過程就必須要有一個經驗豐富、運作快速、服務到位的專業先鋒部隊來協助，搞定一切繁瑣的程序。豐盛就是最好的選擇！

故曰：

境外發展有豐盛，征服天下一定順。

氣功大師

彭智明

彭祖八百豈訛傳，智練心氣綻功明。

中華文化博高深，每隔一代斷一層；

狂談歷史盡吹噓，何不傳承耀古人。

彭祖養生八百歲，智慧光明集大成；

子孫無私勤奉獻，大愛遠播照今生。

大家都以為彭祖的故事是謠傳的神話，其實真有其人。並且後代子孫將其養生之智慧集大成，發揚光大。不以獨家本領自珍藏，廣結善緣利眾生，讓所有的有緣人都能懂得正確的養生之道。這就是彭祖的後代子孫、彭氏氣功的創辦人彭智明。

兩年前筆者第一次與彭大師在一次聚會中相遇，兩人相見如故互擊掌，一股能量從掌心灌注我體內，擴及全身，剎那間的震撼，結下了美好的善緣，那股正能量至今依舊在我的十二經絡中繼續迴盪、生生不息。

古之練功為強身，後人興武實備戰。但若心有雜念，此

武術必入魔，入魔必攻心，攻心必傷亡。

因此彭老師說練氣功其實就是練心，練心就是一種修行，當心氣合一、身心靈調和之時，必然自在無比、攻無不克、戰無不勝。（此戰是指目標）

人人希望心想事成，但卻辦不到，因一般人心力薄弱，不似成功人士盡是企圖心旺盛、心力超強之輩。

然而練氣若得宜，不但身強體健更可強化專注力與心志力。**彭老師提出了人生三要：心安、身定、道隆。人生三要合而為一，就是在「練心」。**

2010 年 6 月起，彭老師將家傳的武學轉化為簡單易行的健身法，創辦了彭氏氣功。透過彭氏氣功的練氣三法：散廢氣、生好氣、聚精氣，行者便可將自己的身體打造成一個完美的利器，用來執行內心之意念，於是心想、練氣、事成。

華人自古好為人師，卻偏偏喜留一手以保命，怕徒兒學成欺師滅祖，因此很多古老的精深技藝與智慧就不斷失傳，而成為了傳說。

彭老師超乎常人的胸襟，打破了這樣的迷失，將其數千年祖傳的祕技用現代的語言及方法完整傳授給學生，果真不是一般凡夫俗子所能為，彭老師卻都做到了，因為彭老師不希望老祖先的智慧只是傳說、而是可傳承的偉大傳奇。

彭老師人脈極廣、影響力奇大，桃李更是滿天下。因為懂得用世界性的通用英語教學，因此不只擁有同文同種的黃皮膚子弟兵，而是遍及全球各國度與人種都能雨露均霑。這更展現了彭老師地球村思維的大格局。

　　很多政商名流都是彭老師的弟子，包含代表中國最高端人脈平台（馬雲也於其中）的**正和島**都鄭重邀請彭老師蒞臨演講教學。

　　正因彭老師的大師風範與格局，同為武學門第之高人卻也甘拜彭老師為**師中之師**。

　　但彭老師低調的智慧卻不願多談，因為他懂得拿得起放得下的真理。

　　彭老師說：「拿起就是聚氣，放下就是散氣。」

　　輕輕的一句又是大師結合武學真諦的人生哲理。

　　彭老師說每天練彭氏氣功只要十到二十分鐘，然而練功時務必全神貫注在氣的運行及注意之祕訣，便可以有效提升專注力。並且強調快樂的練、智慧的練、不須苦練。依此奉行必得精采人生。

　　故曰：
彭氏氣功，快樂智慧練、心想必事成、人生更精采。

創造新價值

辜博鴻

人造垃圾貪造豬，始亂終棄最無辜；

博思廣學凌框架，群鴻已棲黃金樹。

1973 年，五四運動紀念日那天，正是媽祖聖誕，農曆 3 月 23 日。篤信因果的母親正為這年度的盛事盡心效勞著，豈料動了胎氣，博鴻選擇提早三個月來到基隆八斗子漁村，開始品嘗著人間的酸甜苦辣。

客廳牆上掛滿了哥哥妹妹學業優異的表揚狀，博鴻怎能缺席？小學畢業時，終於也有了一張全勤獎！先天失調的狀況下，體力腦力免疫力總是低標，被重視的程度當然也不易達到高標，博鴻卻也早已習慣了「被忽略」的感受。

為減輕家裡負擔，基隆商工電機科畢業後，進入國軍兵工廠八年，士官長退役。

退伍後，賣靈骨塔的時期認識了夫人賴小羚，兩人結婚了，接連一男一女出生。夫妻倆卻因為囤了太多的塔位而慘賠，每天下午的三點半便是最令人恐懼的中原標準時間，昏天暗地的奔忙，只怕支票給跳了。

同時身兼數職，就為了多賺點錢，此刻的金錢似乎比甚麼都重要。泊車、擺攤、賣衣、開計乘車……，反正能賺錢的活都做，同時兼個兩份工作的狀態竟已是最少的負荷。回首來時路，夜半也哭泣。這段歲月烙下了夫妻倆最難熬的記憶。

正因毫無量入為出與風險評估之概念，舉債投資，讓夫妻倆付出了慘痛的代價。博鴻開始研究金融，進入投顧公司上班學習，懂得了金錢的槓桿原理，與朋友組織了富爸爸社團，在成長的當下也參與了公益。

數年後，好學的博鴻經歷了一番寒澈骨，練就了一身好工夫。資源整合、資產管理已是看家本領。

2004 年，博鴻踏出創立自己事業的第一步，凌群資源整合有限公司正式成立，一晃眼又是十年過去了。

2002 年正值 SARS 時期，房屋市場一片恐慌，一堆投資客急於拋售，此刻的博鴻夫婦卻選擇入場，讓他們賺到了翻身的第一桶金。

公司開業時，博鴻選擇了一般仲介最不願意做的，利潤最少的套房管理。這種「撿人家不要」的細膩思唯正是博鴻「垃圾變黃金」的投資哲學。

「勿以惡小而為之，勿以善小而不為。」這樣的理念讓

博鴻同步發想：「勿以利多而為之，勿以利少而不為。」

博鴻說：「一支吸管的利潤非常少，沒有人想做，但是市場非常大，幾乎沒有人不需要，因此做吸管的人賺了大錢，當初觀望的人就只能撿拾跌破的眼鏡碎片。」

這樣的「螞蟻雄兵」理論也造就了套房管理的包租公傳奇。

等待都更的房子經常都老舊租不出去，經過調整後卻能增加收益也能保值，博鴻透過產品「重新包裝」也展現了出人意表的價值。

近年來房東與房客的糾紛層出不窮，霸王客屢見不鮮，房東被殺時有所聞，博鴻透過精密的「系統管理」卻能讓危機無所遁形。

外出學子、遠地工作、無殼蝸牛都有租屋不順的經驗，種種屋舍的問題，房東也無法及時到位解決處理，甚至也有房東騷擾的情事，言之不盡的租屋煩惱比比皆是。博鴻卻也透過完善的「服務機制」讓租屋者感受到安心與溫馨。

這種完美無缺的「雙向服務」卻是同業並不想做的事。事實勝於雄辯，如今的凌群已是不動產管理顧問業中全台最大規模的翹楚，北中南皆有分公司，據點林立服務團隊達七十餘人，並以網路的租屋通橫掃千軍。這樣的成果來自博

鴻的遠見以及服務人群的善念。

茹素至今已然十年，凌群團隊也同步開枝散葉，扎根穩健地在台灣的每一塊土地，也正是準備將此傲視全球的系統一步步向海外拓展最佳時機。博鴻想讓全球看見台灣人刻苦耐勞的毅力，讓世界讚嘆台灣人的遠大格局。

夜深人靜，此刻的「包租公」博鴻正在柬埔寨開疆闢土，他以最樸實卻感性的一段文字遙寄台灣已疲累入夢的「包租婆」：「小羚，感恩妳一路相挺！我辜博鴻今生所有的成就，全數歸功於妳！謝謝妳！」

故曰：

胼手胝足糟糠妻，飛躍羚羊更相惜。

講茶

湯尹珊

> 奇萊山上話傳奇，雲芽飄渺茶湯沏；
>
> 且以烏龍尹天下，文武紅珊也詩意。

這是恰似天命的責任，湯尹珊從出生開始就在名字裡，被灌注了遠傳台灣茶香的使命。

> 龍井普耳遠方來，金萱烏龍高山立，
>
> 不論何者壺中浴，盡令諸君忘憂慮。
>
> 人生多少苦惱事，苦追名利有何益，
>
> 裊裊檀香清風徐，品茗一杯多愜意。

這是許宏 1995 年所寫的歌「茶益」，已被數個茶藝社團奉為社歌，傳唱已近二十載。因此可以看出筆者對於茶的品味是有深入研究的。

然而，多年來愛茶成癡的許宏卻也被尹珊「講茶」講到心坎裡了，這份感動不只是因為茶葉品質的考究，更是對台灣茶文化捨我其誰的當仁不讓。

過去飯桌上流行四菜一湯，而「講茶」之家卻是四湯一茶，湯家四口將其所有生命投注在這一項烏龍茶的歷史革命。

風水、文章、茶，精通無幾人，而「講茶」便是專精於茶之人，並且更專之於「高山烏龍茶」。

1950 年尹珊的阿祖湯鎮寶在南投魚池鄉種植阿薩姆紅茶，這是六十多年前湯家種茶的緣起。二次戰後外銷萎縮隨之淡然。1982 年國民政府開始了還茶予農的政策，因此湯家的茶魂得獲重生，尹珊的父親湯文一 1985 年開始引苗種植高山烏龍，1988 年第一次採收，開始尋找祖先過去茶王風光的片片絲縷。

多少傳統產業的蕭條，不單是景氣與社會需求的變遷，更是家族企業的接班斷層。當然湯文一也面臨著同樣的困擾，卻在苦惱之際，兒女學成、落葉歸根、回鄉接棒，繼續深耕代表台灣精神之一的茶文化，這一代年輕人的加入，這是多麼令人感動的一幕。

尹珊胞弟湯家鴻大學讀資工，親自上山體驗所有種茶製茶烘焙的程序，感動之餘也將科學標準化的精神加入了茶文化的藝術裡。對於發酵度與烘焙的火候幾乎控制到數據化的程度。因為他知道台灣的茶能夠風味獨特、回韻繞梁關鍵就在烘焙技術。然而什麼湯就放什麼鍋，什麼茶就泡什麼壺，

家鴻對於茶具的考究同步一絲不苟，這又是傳統與科學思維的結合。

尹珊從小就是怪咖，有著些許的自閉傾向，而這自我閉關的沉思卻是能夠堅持將台灣茶百年文化進入國際行銷領域的基石。

就讀「文化土地資源學系」時選修了一門「農業推廣」，開啟了尹珊對農業的興趣，繼而前進台大農業推廣學系研究所。

畢業後在農業推廣中心、中研院繼續相關的工作。期間，還到加拿大遊學一年，隨身帶著光觀局印製的台灣文宣與小禮物，不忘國民外交。最重要的是還帶著爸爸親自種的茶與一組台灣禪風茶具，此刻的尹珊才驚覺自己對台灣茶與精神的熱愛。

尹珊思考著如何將台灣茶品牌包裝推廣到全世界，因為她知道再好的產品沒有一個適當的行銷運作終將曲高和寡、乏人問津。

尹珊並不想將台灣茶變成只是歐美對中華文化神祕色彩渲染的好奇，就像經常看到老外刺青時身上所烙印令人啼笑皆非的中文字可見一斑，而是希望聚焦在「將台灣的高山烏龍深植於全球的人心」，因此品質是最基本的堅持。

這樣的堅持只能先從自家的茶園開始，自種、自採、自焙……，一切都自己來。獲獎無數的「講茶」獲得了農委會的產銷履歷認證，將一切透明化為可被檢視的承諾。從此品牌行銷不再是謊言包裝的代名詞。

尹珊成立了「講茶學院」，並且努力讓學院越來越具規模，越來越完整齊全，越來越名聞遐邇。目標就是希望讓「台灣高山烏龍」成為世界人類的渴望，想要了解這種渴望，務必來台受訓。如同品味紅酒必須前進法國紅酒莊園，深入酒窖，聽著故事，撫摸著橡木桶，看著年份的烙痕，閉眼品味，進入時光隧道，才能感受那獨一無二的香醇。

當我們聽到檀香我們會想到東印度，當我們看到玫瑰我們會想到保加利亞，當我們聞到茉莉我們會想到埃及豔后。然而，尹珊的目標就是當全世界的人們想到茶，就會渴望到「台灣」，因為他們知道台灣有一種茶，一種可以感動天地、可以激發人性、可以啟迪身心靈的茶，不但可以喝、可以看、可以聞、更可以聽。

而這感動，就由尹珊講給你聽！

故曰：
千年之渴雲養茶，五湖四海盡是湯。

當幸福來敲門

楊啟富

楊柳飄盪漾希望，啟動富貴快樂堂。

台灣高雄的 BNI 富樂白金名人堂分會，短短五個多月的籌備就已近 80 人，在 2015 年 6 月 9 日正式啟動前將更不知以何雄偉的風貌呈現，但已確定破「世界紀錄」，並且同步另一個分會啟動也必破 51 人（白金分會），這樣的雙白金爆發力來自逆增上緣的嚴苛激勵。高雄區代理的執行董事楊啟富就是這故事的主角。

生長在台南的啟富家境小康，卻在建築業的不景氣時期，父親事業崩盤，最後連安身立命的家宅都必須被法拍，又是一個從天堂落入地獄的實質案例。

在經濟的衝擊下，煎熬了十餘年。啟富選擇進入了淡江大學的產業經濟系就讀，希望能明白為何家中事業會是如此的發展與中落。然而這個時期卻是他人生最低潮最困苦的階段，助學貸款，還有貴人相助，卻依舊必須是辛苦半工半讀。工廠勞工、送便當、泡沫紅茶店、校內工讀生、電話行銷。除了上課讀書，啟富將自己的時間塞滿了工作。為什麼？因為他必須堅強活下去。

然而再忙，大學沒參加社團似乎就沒真正修滿學分，因此啟富參加了劍道社，在這訓練的當中磨練自己的「專注與堅忍」。

　　高中同學林昭宏是啟富一輩子最感激的貴人，在人生最艱困的日子裡給予了最恰如其分的幫助，這樣的情義相挺、雪中送炭，更見難得可貴的真友情。

　　任何消遣娛樂對於當年的啟富而言都是奢華，但啟富會選擇給自己激勵的電影充電，從中領悟學習，儲蓄更多的戰鬥力。最為震撼的一部電影，就是《當幸福來敲門》，在淚流滿面感動之餘，啟富想著：「我的幸福何時來敲門？」

　　「還是我應該出門，找尋我真正的幸福！」

　　當逆境已慢慢平緩，旅遊便是啟富的最大樂趣，因為他認為人生必須開拓自己的視野，四處走走放鬆之際也能培養不一樣的人生觀，因為他憂鬱太久了。

　　然而，走遍了全世界，最愛的卻是「台南」，只因為這是自己的故鄉。

　　啟富有一個小自己一歲天使般的弟弟，輕度的大腦區域障礙，但自理無礙，也能自己工作賺錢。

　　我問：「你愛他嗎？」

　　啟富：「當然啊！他是我唯一的弟弟！我打工的第一份

薪水就是買送給他的禮物。他的未來是我的責任。」

我問：「你有告訴他，你愛他嗎？」

啟富：「我會找一個不矯情的時機點，擁抱他，深切地告訴他『哥哥愛你，你的人生有我陪伴，你很棒，很勇敢，哥哥以你為榮！』」

是的！這樣的愛多麼令人動容！

愛迪生的工廠曾經發生大火，員工緊急通知後到達現場，愛迪生望著被大火燒成灰燼的工廠發表演說：「各位夥伴，今天我們的工廠大火，但不必氣餒，因為我們可喜可賀地已經把我們所有的缺點燒光了，爾後只有優點陪伴我們開創新的局面。」

2013 年的某一個夜晚，啟富參加了一場 BNI 越南會員交流餐會，開車到了飯店門口，啟富的車子竟然燒了起來，驚恐之餘逃下了車。

望著燃燒的車體，啟富想起了愛迪生的故事，瞬間感悟：人生的道路若要能平安到得了目的地，就必須要有正確而安全的工具。

2014 年底，啟富拿下了台灣 BNI 高雄區的經營權，以迅雷不及掩耳的速度快速籌備、整軍待發。

秉著熱情、勤勞、誠懇的個人特質，靠攏者之眾驚豔旁

人，燃燒著南台灣的熱情，擁抱著翻轉局勢的勤勞，

如同胞弟之愛的誠懇對待，正式引爆高雄的驕傲。

這樣的輝煌成果，對啟富而言才剛是成功的起步，因為他對每一個信賴者的參與，都是感激、都是責任、都是承諾。路才正要開始，啟富踏實地走著。

啟富說：

當幸福來敲門，我不會說我不在。

當機會來臨時，我會說我已經準備好了。

為何高雄第一個分會要取名「富樂」呢？

啟富說：「貧窮很難安貧樂道！財富也不一定帶來快樂！我希望在透過我與所有夥伴的彼此『幫助』，讓大家都能身心靈富足，生活都能快樂。不再為金錢而煩惱，不再為失敗而困擾！」

故曰：

幸福來敲門，富樂已開春！

傳愛的靈魂

廖英順

不信天有宿命論，豈廖英年總不順；

無我利他淡生死，哪怕已是近黃昏。

林雲大師再造恩，逃離劫難淚狂奔；

半路貴人不曾斷，共助大愛廣傳真。

我是誰？廖英順用紮實而綿密的文字組成了十六張 A4 紙的報告，訴說著 48 年來的心路歷程。筆著用 666CC 淚水，整整 66 分鐘換來了這一份厚重的感動。

一位命理師告訴他，52 歲之前的事業很難順暢，不管怎麼努力，這是很難改變的事實。但是，過了 52 一切終將成就，實至名歸。正在年輕氣盛的他如何聽得下去？

如同電影「雨人」般的天才型兒童，在台北縣的鄉下長大，七個兄弟姐妹的工人家庭當然更沒有什麼特別的育才計畫。

天生好學的英順幾乎過目不忘，如同攝影機的眼睛快速地將所見的一切文字與影像，數位化般地植入了自己腦袋的

硬碟裡，然後快速地消化吸收轉換為自己創意的養分。

　　高三畢業前獨自前往建中旁的歷史博物館看畫展，這是英順經常性的休閒。

　　這一天巧遇了林雲大師，但這一刻英順卻嚇傻了，大師的一位女弟子說：「大師想幫你看相。」

　　英順還在驚魂未定之際，大師開口了：「你要好好用功，將來你會很出名，但此刻你有一劫難，我想教你一法助你度過此關。但明日我就去美國了，你去找你們建中的一位老師，我會請他傳你此法。」

　　就因此密法，英順解決了當時頭部奇疼之問題，也安然度過了聯考的壓力，又考上了英順心中的第一自願——成大建築系。

　　後來與母親一次閒談中，母親說英順小時從六米高處跌落，昏迷一週有餘，母親至廟裡請求三太子相助，三太子給了一道符令保英順活至 18 歲。英順清醒了……

　　原來與林雲大師相遇那年正是 18 歲。林雲大師的出現，無非是延續了英順的慧命。英順感動涕零，遙拜僅此一面之緣的救命恩師。自此因果宿命、不敢造次。英順開始探討著人生的目的。

　　若說讀書是專長，那麼藝術就是英順的興趣了，工藝、

勞作、繪圖、書法盡是那一雙巧手的知音，更不用說本科的
建築設計。

　　但興趣廣似海的英順總是隨波逐流著自己學習的領域。
大二時到圖書館打工，更是遍覽群書、古今中外之典籍毫不
放過，有如進了少林寺裡的藏經閣一般，英順找尋著他自己
人生的達摩易筋經……

　　然而，真正進入社會後英順確實開始了「應順而不順」
的奮鬥之路。

　　英順起初以室內設計起步，卻看餐廳似乎不錯經營，人
來人往不曾停歇，因此聽客戶之建議開始經營了餐飲，誰知
卻以負債收場。

　　又見傳銷風雲起，也把自身陷其中。英順又以銀行借貸、
信用破產結尾。

　　一次又一次的給自己機會，一次又一次的把願景幻滅，
一次又一次的噩夢再現。英順似乎已被命運的考驗徹底打
敗。

　　自此，英順開始逃避、躲藏，害怕著面對親友的責難，
恐懼著債主的的催討，英順憂鬱了，英順恐慌了，英順想著：
「為何一切如此之不順，以天生之我才，為何無所用。」當
下，英順甚至想要結束自己的生命！

這時，英順想起了年輕時的一些事⋯⋯

國中時，英順用橡皮擦雕了一個印章，原來「英順」如同一帆船，因此就讀建中後自取筆名為「韋帆」。

韋乃姓氏，同音葦，小船之意，仿蘇東坡「縱一葦之所如，凌萬頃之茫然」，韋帆獨臥一小船，精采翻騰渡蒼茫。

一日驚覺：「偉去人邊乃無我，利他暖巾意非凡。」

原來上蒼早已在潛意識中告知了一切──「無我利他」便是英順此生前進的方向。

原來英順的今生並非為自己而活，而是在助人的過程中，英順才能真正找到他自己。

因此，英順決定此刻起，把自己捐出去！1996 年簽下了器官捐贈卡，2011 年簽下了大體捐贈卡，開始了把愛傳出去的人生！

自 2004 年起經過了八年的探索與努力，終於在 2012 年成立了「台灣傳愛公益協會」，開始了啟動傳愛計畫，得以幫助弱勢族群與身心障礙者。這是多麼令人感動的一刻。

在人生的膠著之際，英順遇到了今生的結髮妻子林昔霞。但妻子卻也是命運坎坷的一員，有著一段慘不忍睹的第一段婚姻，與其前夫育有一子一女。英順放下了擁有自己子嗣的觀念，全心愛著這早已注定的因緣安排。因為在他最低潮的

關鍵時刻正是妻子無怨無悔的全力相挺，男人的尊嚴更是被如此細心的呵護著。英順說：「這是我今生唯一的最愛。」

妻子林昔霞是磊山保險的副總，同步也是「台灣傳愛公益協會」的中流砥柱，更讓英順可以有到處宣揚理念機會。夫妻一條心，黃土變成金；真情感動天，不怕路艱辛。

2014 年英順取得了付出者收穫商業平台 BNI 於台南的代理權，也是為了能運用團隊合作、口碑行銷的模式，幫助有緣的人。因為他知道，愛的傳播需要更多的有志一同之士，在創造自己事業的同時，不忘回饋給這一片生養我們的大地。這正是英順所行之「利他」。

米開朗基羅說：「我沒有雕刻，我只是除去了不必要的石頭。」英順說：「我沒有發明，只有發現。」

英順的人生哲學令筆者震撼，因為這正與筆者曾經所言完全相同，只差一字，就是沒有「我」。恰巧呼應了英順所言之「無我」。

故曰：
無我方存在，利他就是愛；
英順宏願傳，今生沒白來。

見證奇蹟

廖嘉今

艾葳即是長春藤，生命強韌高牆登；

中視新娘已傳奇，廖事如神更嘉今。

愛國不是口號，愛台灣更不應該是欺騙選民的謊言。不是住在愛國東路就是愛國，不是住在台灣大道就是愛台灣，好嗎？

艾葳座落在台北市的愛國東路 42 號（諧音：愛國的路事實我好），如此看來應該很愛國，但是其愛國的事蹟乃來自見證台灣奇蹟時代的參與以及真正榮耀台灣的婚紗攝影傳奇。

1970 年代，台灣依舊純樸。

當時，父親在瑞芳開雜貨店，走平價薄利的批發路線，小小的雜貨店卻經營成北區最大的日用品批發中心。

中視攝影公司原本只是一個單純的照相館，當時的老闆發明了彎頭吸管，因為商品實用爆紅，需求量爆增，因此 1974 年頂讓給了嘉今的叔叔嬸嬸。

打虎仍須親兄弟，叔叔邀父親參與攝影公司的經營，爾後兄弟倆並肩作戰。嘉今一家子全數加入了戰局，為婚紗市場開創台灣的展新紀元。

首先，為方便結婚的新人，提供禮服租借的服務，爾後再加上化妝造型與美容，如此完美的結合在當時無非是空前的創舉。

哥哥企劃腦筋非常好，設計文宣堪稱一絕，開始開拓真正幸福的美麗願景。很快的，沒幾年的光景，中視新娘世界已是台灣婚紗的龍頭，因為本來就是由這裡開頭。

當台灣龍頭並非嘉今父親的目標，因為要做就做世界第一，雖然國外不知龍為何物，但台灣依舊必須當頭，馬首是瞻、讓世界望塵莫及。

開辦了《中視新娘》雜誌，擁有自己團隊的文案美編，編著時尚潮流趨勢的完整資訊，堪稱當代的婚紗聖經。

歌仔戲國寶楊麗花 1983 年結婚，就是中視之友第一期的封面人物。回顧當年拍照時，楊麗花的夫婿侯文棟卻明確指出了當時部分服務的缺失與不足，正因為對新郎的打點不夠貼心細膩。

在嘉今父親明快的處置下化險為夷，並且在半年後開創完整的男士歐式西服部，繼續領導台灣的婚紗往更專業的方

向前進。

這就是中視新娘世界的傳奇關鍵精神。

台灣習俗，結婚不兩次，所以婚紗不穿兩次，因此過去都是結婚當天才拍照。如何在「看待時辰的重要性勝過一切的時代」有著完美的作品產生？考驗著業者的智慧！

盛況空前的時候，一天發 72 對發號碼牌，這讓攝影師與工作人員更是分身乏術。

經過中視新娘團隊神來一筆的說明：「結婚當天才有新娘神。」其他時候穿婚紗拍照並未開光，不必罣礙……

終於客人豁然開朗！

如此同步解決了新人與公司應接不暇的困擾，更改變了消費者的「消費行為」。這又是婚紗歷史上重要的一刻！

1989 開始了婚紗外拍的模式，結婚照提前拍，也就從這裡開始！

婚紗外拍台灣最厲害，而這外拍的技術就讓很多國外的婚紗業者開始來台取經，甚至很多新人都特地來台拍攝婚紗。這也是見證台灣婚紗經濟奇蹟的歷程。

連現在甚囂塵上的韓國婚紗也是學台後複製改良，再以韓國特有的雪景以成其特色。

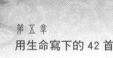
時代是會變遷潮流與市場狀態的，戰後嬰兒潮之後，政府開始推動兩個孩子恰恰好，因此結婚的人開始變少，婚紗市場也悄悄滑落……

SARS 之後，大環境更是大幅改變、雪上加霜，嘉今接手公司，2000 年改名為艾葳精品婚紗，有感於台灣的結婚人口直線滑落，因此開拓海外市場，香港、日本、新加坡……

到香港參展一砲而紅，前仆後繼的人潮揪團來台拍照，市場開始流傳著，沒到台灣拍照就落伍了！

香港當地同業生存不下、眼紅，找公安來取締。但，這樣的榮景八年前停了，因為內地的業者也開始加入了戰場、壓低利潤。此刻的嘉今眼看價格爛了，不敷成本，選擇放棄！

在婚紗的流行市場上，嘉今說：「從極簡到極繁，再從極繁到極簡，如此就是二十年的循環。」這又是嘉今完整觀察與記錄婚紗市場的流行趨勢的實質見證。

然而，嘉今卻依舊檢討自己流行資訊掌握不夠快、敏感度不夠快，無法超越過去中視新娘世界全盛時期的榮景。尤其是哥哥的離世更是其心中難以抹平的傷痛。

這是嘉今謙卑的展現，在在都散發著頂尖成功者的身段與胸襟！

婚姻不該是愛情的墳墓，愛情不該是無奈的過程，豈能越接近婚期卻因婚禮細節產生意見的紛爭？如此是昏，而不是婚！此必將如湮，而非姻！

　　因此，艾葳所真正經營的：

　　是每一對新人真正快樂的愛情！

　　是每一張照片灌注滿滿的祝福！

　　先有快樂才有幸福！

　　願新人拍照與結婚時都快樂！

　　婚後的生活與一切都幸福！

　　故曰：
　　快樂婚紗在艾葳，幸福傳遞全世界！

快樂遊戲王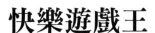

趙詠捷

遊戲世界趙子龍，詠春拳腳捷如風。

公務員的家庭造就的就是規律有計畫的人生藍圖。這是多麼令人稱羨的出生環境。

詠捷小名「樂樂」，姊姊小名「歡歡」，不難想像姊弟倆從小就是在父母親無微不至的調教中「歡樂成長」，並且早已幫他們畫好了人生的航海圖。

要說樂樂是電動兒童一點也不為過，最大的嗜好就是打電動，因為在虛擬的遊戲中不怕受傷、不怕死亡、還可以當英雄。這對一個小一就斷腿打了三個月石膏的樂樂而言儼然是最安全的遊戲。可以在遊戲中發揮創意，可以在遊戲中發洩精力，可以在遊戲中享受刺激、設定目標、挑戰自己。

但玩樂之中，樂樂卻也將自己目標設定為資訊專家，所有有關電腦、網路所有的一切，無一放過，就像電腦遊戲裡的寶物，必須全然獲取據為己有，以備對付下一個更頑強的敵人。

電子雞盛行的年代，樂樂也養了一隻，不出一週所有的

電子雞都養完了，比現在實體吃生長激素予抗生素長大的食用雞（從孵化到宰殺只要 37 天）更加快速。在那當時，同學之中堪稱傳奇。

樂樂領悟到了資訊世界的日新月異，今天不領先明日必落後，因此樂樂一路專攻電腦資訊，並且不曾停歇。

中國文化大學資工系畢業後考上了「國立台北教育大學數位科技暨玩具遊戲設計研究所」，好長的系所名稱。而這研究所的名稱更驗證了樂樂的過去，其實是在玩樂中學習，遊戲中成長，而並非只是為了玩。

在母親的堅持下，先行註冊後辦理修學，服完兵役後讓自己的學業與工作沒有斷層。雖然當時的樂樂是抗拒的。

退伍後 2 年的研究所期間，樂樂實習了 4 間公司，有兩間公司欲以高薪聘之。此刻的樂樂體悟到了母親的遠見。

歷經數個相關工作經歷後，一個巧合向父母借了十萬元開始了創業之路，但也很快的結束了營業。樂樂此刻才發現，創業與上班工作完全不同，合資的經營問題著實太多。

蒼涼的人有淒冷的苦痛，富裕的人也有金錢衍生的困擾，當然太幸福的環境也有力求突破的煩惱。樂樂多麼希望自己能夠有一番成績足以讓父母感到驕傲。

其實，樂樂忘記了自己還太年輕，其實還有更多機會可

以歷練可以充實自己，這次的創業失敗就當成人生的第一次
成長吧！如同是事業初戀的情傷吧。

　　此刻的樂樂確實走到了人生的十字路口，該另謀工作還
是獨資創業，懊惱之中的樂樂似乎隱約聽到了自己的另一個
小名──茫茫。是的！忙！茫！盲！就是樂樂當下的心境。

　　絕望之際，天下英文的心慧老師卻當頭棒喝，給了樂樂
一盞明燈。

　　心慧說：「你在付出者收穫的系統內已歷練了一年，很
多人不懂得善用可以曝光全球的 Connect 系統，你可以善用
你資訊的專長，幫台灣所有夥伴建構在 Connect 系統內的文
案，英文的部分我也可以協助你。你得天獨厚，豈能妄自菲
薄，你不擅用你的長才來幫助可以幫助的人，你對不起的不
將只是你媽媽，更是你自己。」

　　「你的優秀只有透過幫助，才能被夥伴看見，只有透過
這種獨特的服務，讓夥伴們成功。當越來越多人因你而成功
時，你早已成功。」

　　樂樂聽完這席話，痛哭一夜。重整思緒，開創了第一個
真正屬於自己的事業！開幕之後，350 萬的遊戲設計委託案
又是樂樂的事業「大力丸」。

　　除了遊戲設計外，樂樂更是快樂地幫夥伴們建構個人化

的 Connect 系統，也讓夥伴們一一成為了自己快樂的客戶。「樂樂」已然非虛名，網路人脈勁遠傳。

　　故曰：

　　一語驚醒夢中王，遊戲人間心不慌；

　　網路聯結全世界，不再獨守螢幕框。

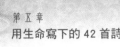
國際雙網

劉奶爸

劉邦戰場定大業，奶爸網路一片天。

劉芳育這名字您可能沒聽過，但關鍵搜尋「劉奶爸」，您會看到一堆劉奶爸的相關網站，尤其是動人的「劉奶爸的網路創業故事」。

既然稱之為奶爸，就知道一定是個男人、一個愛小孩的男人。

《三個奶爸一個娃》這部電影令人印象深刻，三個男人聯手照顧一個娃的故事，初期只有四個字形容——手忙腳亂。然而，這樣的事情卻一點也難不倒劉奶爸。

但，話說十多年前，劉奶爸為了克服自己從小內向的性格，故意擔任業務磨練自己，在一家電腦公司擔任軟體業務員。當時主管對他說：「打電話開發客戶也不會，業績那麼差，你實在不適合當業務。」

所有的自信與自尊在此刻已消失殆盡，這是劉奶爸在職場上重重的一擊。

但奶爸並沒有因此而放棄，反而找出了符合自己風格又

能貼近客戶的方式。

奶爸用自己的方法蒐集到了許多公司資訊部門專屬的電子郵件，每天都將自己的工作心得寄給所有開發過的客戶。一個禮拜過去了，竟然有客戶回信反應說，很喜歡這些分享、很有收穫、很有趣，並引起了彼此心境上的共鳴。

一個月後，許多客戶對奶爸已經感到熟悉，願意開始了解其商品，也主動邀奶爸到他們公司參訪並介紹產品。主管陪同拜訪時，客戶都開心地提供貴賓級的禮遇接待。主管好奇的問：「你跟他很熟嗎？」奶爸淡淡回應：「今天第一次見面。」

透過這段磨練，乃爸發現了自己與眾不同的天賦，懂得用文字與人交心，因此找回了自信。

幾個月後，奶爸開始自行創業、發揮專長、製作網站。買了台輕鬆架設網站和電子郵件管理的伺服器回來研究，比較分析了所有相關產品，列出了 50 條產品使用的 Q&A，提供了完美的解決方案，放上了網站。瞬間每個 Q&A 的點擊次數都超過了一千人以上，每天都接到諮詢的電話，奶爸知道他已經真正踏出了成功的第一步。

2006 年，台灣已經開始流行部落格行銷，讓許多網路創業家紛紛出頭，只要會拍照、會寫文章即可，便能簡單而低廉地將個人的專業服務與商品曝光甚至品牌化。

　　因此奶爸把自己的創業故事寫成了 50 多篇的連載小說，描述創業過程與客戶之間的發生的衝突以及許多有趣的故事。創業的開端就是孩子出生的時刻，帶小孩與工作是同步在電腦前完成的，這個部落格記錄著父親創業與孩子一起成長的故事，因此命名為「劉奶爸的網路創業私密日記」，這是奶爸送給兒子的第一份禮物。誰知劉奶爸的知名度卻自此開始狂飆。

　　連知名作家吳若權都邀請奶爸到中國廣播公司分享網路創業經驗。自此廣播節目、學校、公家機關演講邀約不斷，奶爸開始品嘗走紅的滋味。

　　透過網站與文字拉近彼此的距離這是奶爸的專長，但畢竟完全沒有與人接觸，卻似乎多了些遙遠的空虛感。因此奶爸參與了商務合作平台與相關社團，增加了自己的人脈、也讓自己增加了更多的機會，因為有一些眼見為憑的信任感與溫度並非網路虛空所能成就。

　　奶爸被引薦到華人講師聯盟演說，認識了許多專業講師，開始協助他們製作與維護個人網站，這是奶爸最興奮的一刻，因為他知道他的網路創業不再是冷冰冰的電腦而是結合熱騰騰人脈網路的國際雙網。

　　故曰：
　　網際網路連商機，人脈系統圓夢想，國際雙網劉奶爸。

最好的安排

劉邦寧

劉邦項羽齊爭霸，寧棄七情奪天下。

劉邦寧是筆者見過最為謙卑的長者，一甲子的功力卻始終深藏不露，處女座的內斂一覽無遺。三碩一博的豐富學養（臺大經濟學碩士、政大風險管理與保險碩士、美國 Huron 國際大學企業管理碩士、美國 Dorcas 大學企業管理博士），卻也不忘持續累積能量，蓄勢待發。這般的智慧猶如金庸小說裡岸邊垂釣的武林高手，深不可測。

光是要介紹邦寧的學經歷之項目及頭銜就不是一兩個頁面所能解決，更不用說清楚闡述其豐功偉業了。旅行、讀書、讀人、音樂是邦寧的嗜好，聽著音樂感受著聲音奇妙的排列組合，行了萬里路也讀了萬卷書，並且練就了絕世武學「讀人之術」。

閱人無數的邦寧可以透過精簡的幾句交談與文字對話，就能夠洞悉對方心裡所想的一切，但沉穩的氣勢卻難以想像邦寧也有一個特殊的成長歷程。

「你不是你媽親生的！」這句刺耳的傳言有記憶以來就

伴隨著邦寧。看著《天龍八部》裡的丐幫幫主喬峰，邦寧想著我不會是契丹人吧！在市集裡的人群中找尋著親生的爹娘。

國小六年級的某一天，不長眼卻又犯賤的一位同學再次丟出了這句：「你不是你媽親生的！」怒火中燒的邦寧忍不住使出了降龍十八掌，對方卻也不甘示弱拿出了掃把柄充當打狗棒，這一下兩敗俱傷、血流如注。

到了醫院，父親竟說：「醫生，請不要給他打麻藥！直接縫合他的傷口。」就這樣在痛楚的暈眩中挨了十七針，邦寧的皮肉痛著，卻不知父親心中的血也淌著。

其實養父母將所有的積蓄都花在邦寧身上，因為這是他們唯一的孩子，全心全意培養的孩子。

國中三年級，立志報考空軍預校卻又被父親嚴厲禁止，扣留了身分證，更讓邦寧渴望解開身世之謎。

1975 年在澎湖白沙島服兵役時，接到了家書。「注意天涼，多添衣裳」是父親簡單的幾句關心，但另外的四句：**「涵養怒中氣，謹防快口言；留心忙裡錯，愛惜有時錢。」**卻成了邦寧終生奉行的座右銘。邦寧痛哭失聲，此刻方知父親一直以來的用心良苦。

期待已久的這天終於來了，26 歲的邦寧得以拜見生父，

得知自己也有兄弟姊妹，千頭萬緒、百感交集中只聞生父一言：「生的放一邊，養的大過天，飲水思源。」

　　就因為這樣飲水思源的觀念讓邦寧長期在台灣發展奉獻也不願一直在美國經營事業，同時可以陪伴著生養自己的雙親直到生命的最後一刻，這已是神的恩賜。

　　練就了十八般武藝的邦寧，如今已將「忙碌」塞滿了每一個細胞。1989 年進入保險業後，以誠信第一、專業至上、造福人群、服務社會為方向，二十五年來不曾違背自己的承諾，因此至今所領導的「天成通訊處」組織日益龐大，薪火相傳。

　　除此之外，邦寧更是眾多社團組織中的領導人，不勝枚舉。

　　2005 年加入中華民國企業經營管理顧問協會，取得國際認證顧問師（CMC），目前擔任副理事長暨常務理事。

　　2008 年受聘於國家政策研究基金會，擔任財政金融組顧問暨特約研究員至今。

　　2014 年 4 月代表企業經營管理顧問協會，出席在緬甸召開的亞太年會，努力將台灣企業顧問對兩岸及世界各國同業菁英接軌與合作。

　　多年的成長學習，邦寧看盡了人生百態，活躍在社團中、

精進在學習中、感染在教學中，四處演講分享著生涯規畫、目標管理、行銷管理、社會保險、保險實務、財務規畫……，深怕浪費了生命。更是本者付出者收穫的精神提攜著後輩，受其恩惠者有如天上繁星。

邦寧經常眼皮是疲倦的，但是心卻是永遠沸騰的。時而韜光養晦，時而大展拳腳；時而上武當，時而會峨嵋。誠意、正心、修身、齊家，以畢生之功力將愛傳遞，傳給在生命中出現的每一個人。

因為邦寧相信：一切，神都已作了最好的安排。

故曰：

道貌岸然一智者，謙卑無我不曾歇。

從頭再來

郭素玲

投筆從戎郭素玲，從頭再來不歸零。

2014 年 9 月 31 日，筆者到桃園演講，一位身型瘦高、相貌莊嚴的夥伴，雙手恭敬地遞給了我一張名片——頂香饌養生素食。我喜歡這張名片，因為我已經茹素二十多年了。

每當看到有人做素食，我都會很感動，因為我知道台灣又多了一位素食環保救地球的革命戰友。尤其是在食安問題不曾停歇的環境裡，假素食層出不窮的黑心商場中，我格外珍惜與感恩每一個用心經營素食的朋友們，因為有了他們的奉獻才能讓發心素食的人們能夠有個安心的選擇。否則素食、健康、長壽將只是一個似是而非的假象。

我仔細端倪著眼前這位戰友，這是一位靦腆害羞的女孩，卻在中性的裝扮下與微笑的雙眼中隱藏著艱毅的內斂。從她自認平凡無奇的歷練中，卻激起了我內心洶湧無比的感動。

為了證明女性也有保家衛國的能力，為了磨練自己的心性，郭素玲投筆從戎，成為了現代花木蘭。

十一年過去了，2013 年 4 月終於結束了漫長的軍旅生涯，

然而精華的青春歲月卻也悄悄地蒸發了。

卸下軍裝，素玲凝望著天空，思考著人生的路。

這一天，素玲來到了朋友經營的素食小吃餐館敘舊，突然感受到原來沒有肉的感覺，也可以這麼美味。

天外飛來的靈感，素玲與好友商議，決定合作開創新的商機。

於是把熱騰騰的小吃變成了冷凍的素菜即食包，以網路行銷的方式推廣行銷，讓消費者只要烹熱了就可以食用，以各種方式加溫皆可。這是廣大素食者的福音。

然而，理想就只是理想，素玲招遇到前所未見的敵軍，當然沒有辦法用軍中所學的戰術殲滅之。

素玲發現商標創意與申請、網站架設、文宣設計、衛生法規、會計稅務……，這一切沒有一件是自己已經會的。

然而素玲並不茫然，似乎在軍中所磨練的點點滴滴就是為了此刻而準備。不怕苦、不怕難、殺出重圍的革命精神，此刻在素玲的心中燃燒著。

因為，合理的要求是訓練、不合理的要求是磨練。雖然素玲認為那些淬鍊人性的歷程並非潛能激發，但這當下所有的鬥志都被逼出來了。

素玲勇往直前、一步一腳印、突破了魔障，終於在幾個月之後頂香饌的網路商店正式成型。更加印證了軍中老長官所說：沒有三個月的外行。

素玲知道退伍之後的一切都必須從頭再來，因為現實社會不看你的官階、不看你的頭銜、只看你的實力。然而各種專業實力的養成，除了摸索、嘗試以外，學習卻是讓自己少走冤枉路的最佳途徑。因此素玲參與了各種課程學習、擴大自己腦部的硬碟容量、改造自己所有的思維與行為模式。更參與了商務引薦平台，讓單兵作戰進化成為團隊戰術。

一年多來的努力奮鬥，如今來自網路與團隊夥伴以及朋友口碑相傳所引薦的訂單已接到手軟。

素玲感恩著，感恩曾經一切的歷練，感恩一路走過所有的貴人相伴與提攜。

當然素玲最感謝爸媽，2014 年 11 月 22 日是素玲全家最值得慶祝的一天，因為一直聚少離多的家人如今可以歡聚一堂，素玲打破了矜持，親吻了爸媽，寫下了感人的歷史性一刻。這是素玲這一生第一次的溫柔、最深層的感恩！一句爸媽我愛你，勝過千言萬語。

感恩是素玲不曾停歇的內斂，

勇敢是素玲軍旅磨練的精神，

學習是素玲不斷前進的動能，

人脈是素玲改變戰術的捷徑。

故曰：

蛻變、感恩、勇敢鏈人脈，從頭再來不歸零。

心中的藍圖

陳中儀

陳年老酒韻其中，儀態萬千媚無窮。

專業可以訓練，我相信！靈性其中的極度專業也可以訓練，誰相信？

從小，中儀就是個愛塗鴉的小孩，能塗的地方都不放過。當然，女孩子還是要收斂些，但至少能畫的紙張，在中儀的生活周遭，不會有一張會是空白的。

雖然從小獲獎無數，但中儀知道他還有很大的成長空間。然而，在那年頭有幾個家長會培養小孩子的天賦才能而使其茁壯呢？當然，拜師學藝精益求精在那當時對這小女孩而言，是一個遙不可及的夢想。

國二就想從事設計工作了，彷彿註定就是天生的設計師，但終究缺了個角，缺了跟得上時代的工具與標準化的專業訓練。

中儀感恩中學時期的張淑齡與蔡正一老師，引導他從年少無知的懵懂，一步步進入了真正的藝術殿堂。終於在 1993 年，國立藝術專校畢業了，也順利進入設計公司開始上班。

　　1995 年被外派到山東煙台，這是他真正擴大視野、快速成長的階段，原來海外的工作印證了行萬里路勝讀萬卷書這件事。他愛上了旅行，但是旅行卻是為了儲存更多的創作素材與靈感。

　　1999 年回台成立了個人工作室。從此以提升設計師的專業素養與格調為目標，以改變大眾對這行業並不良好的刻版印象。中儀想了一個名詞──設計師之道。期盼設計師們都有商道。

　　成交並不是中儀重視的關鍵，利潤更不是重點。因為中儀把每一個案子都當成設計自己的家在看待，幫客戶省錢，幫客戶想到一切設計時所需要注意的事項。因為誰會想要經常改裝潢、經常整修當初因設計不良所衍生的缺憾？

　　中儀不愛畫 3D 圖，因為這個科技的軟體工具所展現出來的畫面，當然對消費者有很大的吸引力，但是中儀不希望「看圖時很心動，驗收時很心痛」的情況發生在自己的客戶。

　　因此中儀保持了「零客訴」的超級紀錄，並且讓每一個客戶都變成他的好朋友，客戶一通電話他就義不容辭地安排時間幫忙打點，包含修馬桶、插花。這樣沒有架子的設計師，坦白說不曾見過。中儀說：「這才叫做終生保固！」

　　筆者問中儀：「您最喜歡哪一種設計風格？」

因為大部分的設計師會以自己的論點說服客戶，設計自己的喜歡，而不是客戶的喜歡。

　　但，中儀說：「我個人最喜歡美式古典風，但很少建議客戶如此。因為客戶想要的感覺才是最重要的。我會去傾聽他們的想法，分析利弊得失，用我的專業建議與客戶共同討論『客戶心中的設計圖』。」

　　當然，最後的結果就是客戶心中之所欲。

　　中儀喜歡這種因服務而喜悅，因滿意而口碑相傳的感覺。樂在工作，工作更樂！因為中儀永遠保持著 70% 的好奇心，永遠創造下一個滿足的發生。

　　中儀感性卻激昂的說：「現在所做的一切就是我的使命，我會將這一支設計之筆永遠畫下去，永遠不斷墨，直到上帝請我回去設計天國藍圖的時候！」

　　故曰：
　　不畫大餅不虛空，不使夢碎不心痛；
　　客戶感受烙腦中，滿足渴望助圓夢。

完美送行

陳軍寒

一將功成萬骨潛，陳封軍容屍已寒；

龍騰虎躍攀櫻巖，回首高歌震百川。

大自然、科學、人文、閱讀、彈吉他、玩樂團、唱歌、打球、健身……，這些廣泛的興趣都是來自標準的陽光男孩陳軍寒，誰也沒辦法與他的現行產業聯想在一起。

臺灣師範大學畢業後，前進藝術大學表演藝術研究所，在補教界待了五年，表演過舞台劇、拍過廣告、上過電視，可謂都已學以致用。

雖然軍寒對表演藝術有一種莫名的熱愛，但雙魚座的他卻也是多重另類思考的一員。便在巧妙的因緣下，進入了殯葬產業，從「表演者」搖身一變成為了「送行者」，或許這也是一種思維轉變的表演吧。

網路搜尋陳軍寒，筆者在廣告裡的一幕留連忘返，這一段廣告叫「聽著夏天的風」。

女孩說：「在心裡許下願望，然後大叫三聲，我們的祖

靈就會聽到你的呼喚，然後幫你實現願望。」

在望崖上，女生訴說著彩虹橋的故事……

男生牽著女孩的手，請她閉上雙眼，聞著樹葉的味道，聞著泥土的味道，還有風的味道！

男生說：「雖然我們看不到風，但我們都感覺到了。雖然我們不一定能再回來，但我永遠記得那一年的夏天，我們在這裡一起『聽著夏天的風』」。

好美的故事！或許就是這樣的思維與靈性的促動，軍寒想著如何讓往生者能夠有著無遺憾的靈魂！也讓未亡人與親友們留下美麗的回憶。

軍寒有著一組天生閃耀的五官，深不見底的瞳孔卻也牽引著亡魂的脈搏。

在親人一次喪葬的過程中，提早激發軍寒對人生無常的領悟。軍寒可以選擇在講台上擄獲年輕學子的心，引導她們前進努力學習的方向；軍寒也可以選擇在舞台上贏取粉絲們的愛慕與癡情，引導她們進入藝術境界的範疇。

但軍寒卻選擇了「不讓自己獨風騷，但讓感動盡圍繞」的送行行列，把舞台的丰采留給尚未腐敗的軀殼，把講台的片刻留給親屬感恩的悼念。

這是忘我的付出，更是偉大的收穫。軍寒忘了恐懼、忘

了忌諱、只留下了尊重與珍惜！

陳年歷史領千軍，此生不虛心不寒。

因為軍寒知道，萬般帶不去，唯有業隨身，此刻的自己再帥氣，總有一天會老去。

不如把境界提升在自己所能做的「幫助」，領導自己各個莊嚴清麗的團隊，幫助有緣的朋友做好生前的規畫。

因為誰也不知道，這一口氣吐了出去，還能不能吸得進來！明天的太陽依舊在，只是不再有呼吸。不要等到無常來了，才說還沒準備好！因為這一切都已來不及。

寫到這裡，筆者突然想起 1997 年筆者讀淡大化學碩士班時，在淡水教補習班為學生寫下的一首歌「夕陽盡頭」。

夕陽盡頭　詞曲：許宏

日子一天天過，你可知否？

知否這一天究竟獲得什麼？

淡水的夕陽在那頭，你可知否？

知否日落的盡頭是什麼？

人生短短幾十載，你有幾年可蹉跎？

不利用此刻年少，難道等白頭？

望著觀音山的燈火靜靜思索，

我們已沒有時間再等候，

不要等到恍然回首，

才發現生命已剩不多！已剩不多！

故曰：
軍寒如此花美男，卻送人生最末班；
雖非剃度入空門，豪情壯志不遺憾。

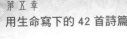

無毒天使

賴金妙

無毒環保賴天使，金口妙言盡是愛。

美麗的外表卻有男兒的性情，此乃歸因於從小在哥哥成群的環境中長大。因此阿妙有一種豪氣萬千的「阿沙力」，並且遺傳了父親的義薄雲天。

阿妙小學二年級後，連想要擁有單親狀態，享受那般淒涼的機會都沒有。因為九歲前後，雙親已因病相繼過世了。而這遺傳性的心臟衰竭卻已經奪去了這個家族多條性命，當然阿妙也是危險群之一。

生命如此脆弱，不必待殘年，人已如風燭，阿妙感受人生的無常，投入了醫療的行業，沒能當醫師至少也護士。

護專畢業後義無反顧地投身於加護病房，更看盡了生命只在呼吸間的掙扎。

原來，好死也是一種幸福！

原來，「不得好死」真是全世界最狠毒的詛咒！

加護病房裡的一位癌末的老先生，用眼神、以及再微弱

也不過的聲音，告訴了醫護人員：求你別再救我了，別再浪費我家人的錢了，我知道我已經回不去了，我的爺爺跟我爸爸都來接我了，我很累了！這個臭皮囊已經不管用了，我真的想走了！繼續下去對大家都只是一種折磨，請留給我一點點決定未來的權利吧！

一幕幕的生離死別，多少重症病患的苟延殘喘，多少已經無法控制自己行動的靈魂，只求著人性最後的一點尊嚴，這一刻，好死竟是奢求。

原來「急性的傷」是救急，「慢性的病」是救窮。我們醫療系統可以救急，但豈有真正能夠救窮的機制？

但這慢性的疾病與傷害從哪裡來？就從黑心商人來、就從毒素來、就從環境污染來，就從我們生活中一點一點被染黑的食衣住行來。但是媒體總是湊熱鬧，總是一窩蜂。只是傳播了恐懼、無助與茫然，幾乎沒有任何建設性的意義。而政府的法鞭更是每每重重舉起、次次輕輕放下。時間一過去，春風吹又生，黑心又再起！

這一切害得我們進入商場，已經不知還有什麼東西可以吃、可以用。這種悲劇誰能不憤怒？

阿妙決定化被動為主動，化治療為預防，化養生為無毒。因為預防勝於治療，無毒就是環保，環保即是養生。阿妙一股腦投入了生技產業。從此走入了堅持推動無毒環保使命的

不歸路。

　阿妙知道，只有自己不丟垃圾，地球不會變乾淨；只有自己當好人，世界不會沒壞人。正因如此，豪氣干雲的阿妙開始深入結盟性的合作組織，加入了綠水滴聯盟，集結有志一同之士共襄盛舉。

　2014 年更開辦了「大嘴商城」，審核並凝聚符合無毒、環保、養生的廠商，在這個大嘴商城推動正確的觀念與正確的消費型態，讓消費者能夠買得安心、用得放心。

　為何稱為「大嘴」，因為好的理念要有人說、好的產品要有人推薦、好的行動要有人堅持。因此阿妙透過良善口碑的建立，再由團隊共同付出的精神，創造彼此、社會、環境、地球的收穫。所以這樣付出者收穫的因果文化就是大嘴商城遵從的宗旨與方向。然而大嘴的關鍵就是大聲的說、熱情的說，故名大嘴。

　法云廣長舌，慈悲亦喜捨；

　大嘴運大商，天使也同樂。

　阿妙生了一個寶貝兒子，從臉書上所有的照片顯示，不難看出阿妙的喜悅與滿足。但阿妙知道要讓兒子能夠平安幸福快樂的長大，必須要有一個健康的媽媽，更需要有一個無毒安心的生活環境。

阿妙除了認真做事、熱忱待人、用心帶團隊外，不外乎也希望上蒼能夠護祐這一切大商心念的善舉。阿妙問了上蒼未來大商之路的吉凶。

　　神明以一籤王回應之：

求得籤王百事良，萬事如意大吉昌；

宜加力作行方便，可保福壽永安康。

　　故曰：
天使中籤王，妙哉運大商。

活著

賴盈佐

我的建築一定是活著的。

仰賴建築過生活，情義滿盈相輔佐。

從小在高雄「賴平順建築師事務所」長大的賴盈佐，天生注定就是建築師，但豐富的情感造就了不一樣的思維。

聽著盈佐的流利簡報，看著與眾不同的理念，望著一件件偉大的作品，筆者為之動容。

盈佐畢業於成大建築系接著成大建築研究所，七年的雕琢如同建築系的醫學院，養成了一個建築生態的診治醫師。

盈佐娓娓道來，所有的建築設計圖，從無到有，每一件作品都是一筆一畫一稜一角畫出來的，即使是用現代科技的繪圖軟體，只不過是從鉛筆改成了滑鼠。工作時間很長，很辛苦。建築師聽起來很好聽，在台灣卻是一個並沒有受到重視的行業。

為了瞭解市場需求，盈佐離開了家鄉，深入代銷公司研究市場消費行為。

長久以來，業主只重視資本主義的效率，卻不在意與環境內外一致的美。加上過去大時代無整體的規畫，從高空俯瞰，台灣的美僅止於尚未汙染的河山。大部分的建築滿目瘡痍、慘不忍睹。

　　「快、廉、好」三個結果，在建築設計與施工上最多只能選兩個，不可能同時發生。所以，在大環境不好的狀態下，原本抱著雄心壯志、理念堅持、態度完美的建築師，最後也被打敗了，所有的熱情已經燃燒殆盡。

　　市場導向的台灣建築環境，尤其在地狹人稠，寸土寸金的雙北，隨便做都可以賣得出去，那如何會有好東西？

　　然而盈佐觀察，台灣也是一直有出現有意念的好建築！

　　台南因有成大建築的坐鎮，透天典雅小品如雨後春筍四處林立。

　　台中七期因整體規畫，地理環境的優勢，當一個建案物美價廉的優質才能獲得好評，也就開始帶動了競爭性的品質提升。

　　高雄因市政府的遠見，有請國際級建築美學團隊，改善整體市容，以發展都市觀光經濟，近來建築水平也隨之改善。這樣的態度，也更多地在其他地區逐漸被看見。

　　為了建築師的態度，盈佐花了 40 萬以及兩個月的時間，

隻身前往歐洲每一個國度，找尋著建築的靈魂，不斷堆疊的
感動早已讓盈佐不虛此行。

　而心中最感動的畫面卻是學生時代所看到的 Louis Kahn
（路康）在美國創作的 Salk Institute（沙克研究中心）。沙
克建築的中庭溝渠，入門的雙向流水匯集，運用視覺的設
計，流向無窮遠的天際！這一幕更讓盈佐看見了建築生命的
脈搏律動，失落已久的建築師精神就在眼前。這就是對建築
真理堅持的「態度」。

　2013 年佐為建築正式開幕，盈佐的設計團隊有建築設計
師、室內設計師、工業設計師，因此從外到內從無到有一應
俱全，連所有的家具都是量身訂做。

　**建築是一種整合問題、解決問題、創造附加價值的「整
合藝術」。盈佐為了讓完美的藝術作品能夠呈現，毅然決然
將三大設計工程合而為一，讓三位一體的機制達到最有靈性
的境界。**

　盈佐在開業的那天起，就立志朝國際大師級的建築團隊
邁進，從台灣本土開始，進而前進世界各個角落。

　更期望有朝一日資金雄厚，可以從乙方（配合方）變甲
方（主控方），掌控一條龍所有的作業流程，完成真正一手
包辦的靈魂作品。

真正的夢想是：帶動台灣建築產業整體的態度，讓台灣的建築成為世界的驕傲。不再是我們出國取經，而是外賓來台朝聖！盈佐才三十五歲，期盼有生之年這樣的榮景能看到。這不是等待，而是從自己開始努力做到。

為了堅持自己的初衷，每接一個案子時，盈佐團隊對業主的「選擇」幾近苛刻。因為每一個案子都是口碑的建立，無法草率。

LOVE、HEALTH、DREAM，就是盈佐團隊的堅持，打造具有國際觀的高質感建築。不做重複的事，每一個作品都無法複製，因為他們都有他們各自的靈魂。

建築就是人類生活的空間，佐為建築可以為人類創造很有質感的生活。

筆者問：「安全、實用、美麗、感動四項元素，哪一個重要？」盈佐說：「缺一不可。」

筆者：「先後順序？」盈佐：「同步到位。」

筆者：「哪為何會有偷工減料的問題？」

盈佐：「業主與營造公司的態度對了，按圖施工就能避免！」

原來都是態度惹的禍！

　　盈佐展示著自己的作品，說著各種人性化的需求都必須設計，甚至風水考量是室內方正而非戶外方正，內外前後左右上下各個角度的美都必須關照。將預算與材料、施工結合整體精算，才能打造一個活著、會呼吸、有感情的大師級作品。

　　盈佐說：「建築師是人，建築也是人。建築師理解建築，知道人之靈魂血肉，各自有各自的美。建築概念之美（建築之血），建築結構之美（建築之骨），建築量體之美（建築之肉），建築質感之美（建築之皮）。」

　　「建築師的腦與手，把玩的不是鋼筋不是混凝土，而是在編織『愛、觸動、吸引』。建築師將奉獻一生，做建築之美的翻譯師。」

　　筆者將畫面變成了詩句！盈佐卻將詩句變成了畫面，一句句堆砌成美麗的立體圖像，就像一個婀娜多姿的女子，讓人可以感受到她的呼吸，感受她的心跳，只因為盈佐的建築作品早已灌注了靈魂，讓她快樂的活著！

　　故曰：
　　一花一淨土，一土一如來。

自信免疫科

蔡紋如

天生萬物土生蔡，紋風不動亦如來。

彰化溪湖羊肉爐是大家對這個地名的印象，「芙蕾亞時尚診所」院長蔡紋如就是在這出生的。

為何當醫生呢？因為考上了醫學院啊！能夠考上醫學院，當然必須要有優異的聯考成績，也造就了醫師們並不容易擺脫的「醫師架子」。但這種架子卻在紋如的身上遍尋不著，尤其是她那渾厚的中部鄉村口音，總讓人覺得格外親切。

並不愛讀書的紋如卻一路順遂考進了北一女中、高雄醫學大學醫學系，成為了醫師。她把一切的功勞歸給了父親，因為父親在還沒從商之前是國中的英文老師，從小學到考大學完整的過程中，父親就是她專屬的超級家教。沒有當時的蔡老師，就沒有今天的蔡醫師。

所有醫生眼中掛號的就是「病人」，紋如眼中掛號的卻是「客人」。因為**「整型是手術，美容是藝術。」**手術就交給專業整型權威的林正宜醫師，藝術就交給從小接受薰陶的蔡紋如醫師。夫妻倆合作無間，分工細膩，撐起了這個「**讓**

人找回自信的藝術天地」。

紋如的母親是專業的服裝設計師。到台北市永康街找蔡太太，街頭巷尾無人不知。氣質典雅，談吐高貴，吐納出來的二氧化碳都有濃濃的古典歐洲的人文氣息。這位傳說中的蔡太太就是紋如的母親。

從小到大，每年寒暑，紋如總是跟著媽媽到歐洲四處尋幽探古，歷史上口耳相傳的名勝古蹟，幾乎沒有一個角落沒有紋如的足跡，這是父母在紋如與兩妹一弟身上所做的最大投資，羨煞旁人！

因此，濃郁的藝術氣息可以在紋如行住坐臥之中淡然散發，尤其是在紋如所親自操刀的美容療程上，更是可以感受大家閨秀的訓練有素。「誠實守法，信守承諾」卻是母親不絕於耳的再三叮嚀。

一針肉毒的輕入，就像義大利比薩斜塔的瞬間挺直；一抹玻尿酸的灌注，仿若倫敦泰晤士河的希望湧出；一陣陣光波能量的撫觸，恰似巴黎香榭大道上的陽光柔膚；一心期待的豐胸美術，如同阿爾卑斯山的高聳參雲處。

錢要花在刀口上，但千萬別借錢來開刀。因為借錢開刀乃治病，借錢美容就要命。因此玟如從不接受這樣的客人請託。

紋如知道醫美確實已經是一種擋不住的流行浪潮，但銀行的特殊專案貸款，先享受後清償的模式，恐將再度演變成類卡奴的悲劇。這般「整了外貌、傷了荷包、重創心靈」的醫美亂象，紋如看了心痛。

從長庚實習醫師到台大過敏免疫次專科、台大過敏免疫專科醫師、抗衰老醫學美容研究……，紋如經過了九年的醫院與家醫診所的深入歷練，直到與夫君合力開業，擔任芙蕾亞時尚診所院長，開始人生的另一段路程。

紋如並不喜歡「白色巨塔」裡的醫療系統文化，不喜歡機器人般地迎接每個時段上百人的掛號診療，因為她知道：除了讓病人耗時等待，就是快速判診開藥的方式，豈能有真正精準的藥到病除。

過去專精於「過敏免疫」臨床的紋如更在乎的卻是每個人病理的源頭，當源頭找到了，問題便容易解決了。

然而醫美客人的問題根源又在哪裡呢？其實只有一個，就是「自信」。

因為缺乏自信、不滿意自己、不喜歡自己，才會想要改變現在的自己。這正是缺乏自信的心理疾病，於是紋如花最多的時間並不是在療程處理上，而是傾聽與適度的開導說明。

　　五年的醫美生涯就這樣過去了，累積了超過兩千個以上的客戶案例，同時也結交了兩千多個好朋友。這是紋如踏入醫療系統以來不曾想過的結果，原來醫生也可以如此快樂。

　　要說自己是個醫師，紋如更希望客人把她當知己，把她當鄰居，把她當兄弟姐妹。因為她希望所有的客人都是來這裡找快樂，找自在。當她們量入而出地增添了自己的美麗，自信也就接踵而至了。因此，筆者為紋如冠上一個新的專業科別「自信免疫科」。

　　看到了客戶的自信，紋如找到了自己的滿足。

　　看到了客戶的光彩，紋如找到了自己的價值。

　　在紋如的眼中只有客戶，沒有病人！

　　在紋如的心中只有幫助，沒有爆利！

　　恍然間，紋如已經忘了自己是個醫生……

　　故曰：
　　懸壺濟世美人哉，自信免疫樂開懷。

專注與遠見

蕭志鴻

蕭邦圓舞快樂夢，志如鴻鵠曲如風。

1824 年蕭邦寫下了第一首圓舞曲，創作的 25 年間完成了 36 首圓舞曲。最著名的就是降 D 大調的「一分鐘圓舞曲」（Op.64/1），曲風歡愉快樂，故又被稱之為「小狗圓舞曲」。

筆者與志鴻認識五百多個日子來，深深感受其快樂所帶來的能量感染。先有快樂才有幸福，因此志鴻選擇快樂面對人生所遭遇的一切。

志鴻從小飽讀詩書、閱遍古文、覽盡醫典。但如此好學的精神並沒有在考場中順利，也沒有如願考上醫學系成為醫生。

雖然如此，畢業於中興大學的志鴻卻一心想要從事醫學相關行業，以滿足懸壺濟世之鴻志，一頭栽入了眼鏡業。這是志鴻的專注。

剛開始，以為驗光容易，但隨著面臨無法解決的案例越來越多，再度激起志鴻進修學習的渴望，然而教授卻明白表示，解決這些問題著實「太難了」。在責任感與好奇心趨使

下，志鴻足足花了 15 年多的時間，潛心專研，志鴻終於得到一個偉大的結論──真的很難！

到底什麼東西這麼難呢？就是「特殊驗光配鏡」。

志鴻 90% 的客戶都是眼睛特殊異常。多為隱性斜視、顯性斜視、弱視、低視力（接近失明）、白內障、青光眼、虹彩炎、黃斑變性、視網膜色素變性等各式眼病術前、術後驗配，近視雷射術後驗配、視覺疲勞驗配、漸進多焦點、漸退多焦點驗配、學童視力與度數維持。

很難理解是吧！當然一般耳熟能詳的近視、遠視、散光、老花眼就是太小意思了。

其實，這一切不是醫學，而是物理學中的光學。然而光學卻是一堆複雜的數學，因此志鴻每天都在算比會計師還難的數學題目，因為志鴻知道這每一題數學沒有算好，影響的將是客戶眼睛所連帶全身的生物化學。

驗光配鏡是志鴻這輩子唯一的工作，從 1987 年至今已28 個年頭。志鴻熱愛這份工作，從中獲得的不只是成就感，更是尊嚴與踏實！

當聽到客戶開心回來的感謝，內斂的志鴻卻也經常喜極而泣，因為能有這樣的福報解決眾生之困擾，這不就是當初想要行醫的初衷嗎？

當然，志鴻不會逾矩去違反醫事法、藥事法，不會去當祕醫，而是協助醫生們在不需手術的狀況下處理棘手的問題，協助同業以光學的藝術讓所有有緣人能夠回到工作崗位上，再過正常人的生活。這是志鴻的慈悲與遠見。

　　志鴻深知多年的光學藝術經驗累積實在不易，堪稱畢生之心血，因此更感傳承的重要，因此開始廣收門徒推廣技藝、並且一間間佳暘光學眼鏡將如雨後春筍四處林立。當然，這樣的科學藝術更希望能透過系統化的口碑推薦，將此大愛散播到全世界。

　　志鴻期許自己能夠花開滿枝紅，但若盡力而夢未圓，至少在雨後的天空，留下一道美麗的彩虹。

　　志鴻博學多聞、文藻滿溢，卻似菩薩潛光行，總使英雄淚滿襟。

　　故曰：
　　古有蕭邦圓舞風，今有志鴻快樂頌；
　　壯志未酬貝多芬，卻以目明代耳聰。

愛的真諦

鄭至航

鄭和下西洋，人海兩茫茫；

至誠尋真愛，橋頭已啟航。

三折肱為良醫，這應該是形容「真愛橋」創辦人 Stark 最好的一句。但在網路流傳著一首現代短詩，筆者搜尋出處卻是佚名。但筆者感謝這位作者的經典之語。

花若盛開，蝴蝶自來；人若精采，天自安排。

其實，壯大自己、提升魅力就是尋覓伴侶的最佳武器。

又是單親家庭惹的禍，鄭至航從小由爸爸帶大，幸福與穩定關係當然正是他的渴望。不高、不富、不帥卻是不曾打烊的外貿協會永遠不易奉為貴賓的對象，因此好人卡是異性緣頗佳的至航經常收到的禮物。當然這也表示對方拒絕被追求的善意回應。

至航為了打破這種女性視覺上的迷失，為了證實男人的魅力不在外表。開始遍訪名師訓練口才，翻爛了所有關於兩性關係、人際溝通、身心靈、心理學等相關書籍，不斷操練、

不怕挫敗，終於追到第一個當時心儀的對象，但是沒多久，這個得來不易的真愛初戀也宣告「勒令退學」。至航無法形容當下的失落。

至航照著鏡子，不斷問：「為什麼？為什麼？為什麼？」

蓮蓬頭源源不絕的水，沖刷著至航的思緒，沖刷著至航心中的傷口，沖刷著這從小到大不曾癒合的痛，時間不知過了多久。

至航哭喊著：「天啊！我不是要把妹，我不是要遊戲人間、我不是要一夜情，我只是想找個伴，可以談心、可以互相取暖、可以相互安慰鼓勵的伴。真的有這麼難嗎？」

還好，至航有著打不死蟑螂的傻勁，繼續加油努力、再度前進感情的戰場。終於，至航在鋼鐵人主角 Stark 的身上找到了領悟。**原來愛情不是追求來的，而是吸引來的，只是化被動為主動的布局將是締造自己成就愛情的最佳利器。**

此刻的至航果然開始無往不利，也因此擄獲了真愛伴侶的芳心。屆時，他才發現原來與他同病相憐的男男女女非常多，卻苦於毫無求助之門。於是 2008 年，真愛橋成立了，就像一座通往真愛的橋，全力協助完成目標，橋到底！此乃廣大飲食男女的福音。

從此真愛橋聲名大噪，創作不斷、媒體採訪不斷、演講

邀約不斷，尋求幫助的對象更是有如排山倒海而來的不斷。

但是，求助者不乏心術不正之人，以為真愛橋專教把妹術。不！ Stark 在此鄭重宣告：我是幫您穿越困難的跨海大橋，是幫您找回真愛的幸福之橋，是幫您邁向成功之路的彩虹橋，而不是為您造孽帶你前往陰間的奈何橋！

因為，我不是教你把妹！

故曰：

認真創價值，大愛展魅力，幸福自己橋！

幸運女神

鐘絲雨

幸運不是順時鐘，意外瞬間天眼通；

絲絲女神大悲雨，創傷記憶已成空。

鐘宇真小學時期在日本兩年半，大學就讀銘傳應用日語，畢業後前往加拿大攻讀企業經營碩士。因此後天的環境造就了鐘宇真的多元語言能力。

然而，這樣的語言與溝通能力不盡然只在人世間。熱愛藝術的父母帶著她到世界各地遊玩，除了非洲以外，地球上可以說絲雨已經沒有未到過的國度。

天生感應力高的她，曾受日本神道教女巫的熏陶，並修練臼井靈氣、長生學靈氣，於台灣廟宇實習畫符收驚，多方涉略。

爸爸信仰天主教、媽媽信奉道教，因此無障礙的宗教思維，讓她在靈性的道路上沒有自我設限。

竟在 2007 年 10 月發生車禍，左半邊癱瘓了，卻意外開了天眼，可以看到了各種層次的空間與眾生。這難道是得到了什麼就會失去什麼嗎？還是因為失去了什麼才獲得了什

麼？這一切對此刻的她已經不再重要了！

上天給了她一個新的名字「鐘絲雨」，期盼她逆時鐘思考，不讓困難給打倒。期望她在**細如絲綢的雨中穿梭**，依然可以**身過雨絲不著水痕**，練就最專業的靈性工夫。

上天之所以會有如此安排，只有兩種原因，一個是孟子曰：「天將降大任於斯人也，必先苦其心志，勞其筋骨，餓其體膚，空乏其身，行拂亂其所為，所以動心忍性，增益其所不能。」

另一個就是因果報應！不是磨練就是報應，既然如此，何必困窘？何必懊惱？何必怨天尤人？

左半邊身體癱瘓了一年，其中一眼的視力也從 1.0 降到 0.3，遍尋名醫束手無策，歷經長期的內心交戰，最後竟是靠催眠的力量贖回了身體的健康。原來心靈的力量竟主宰著肉體的一切。

絲雨因此開始了有系統的學習與整合，透過催眠自我療癒，並大量閱讀心理相關書籍，研習 NLP 神經語言程式學、塔羅、紫微斗數、生命靈數等靈性相關課程，擁有 NGH 國際催眠師、大陸心理諮詢師一級職業技能資格、NLPU 認可的 NLP 高階執行師、催眠治療師培訓講師、首推觀靈術元辰傳承教學講師，成為了專職而專業的「國際型心靈工作者」。

絲雨的腦波與潛意識俱備與大宇宙接軌的能力，能夠將宇宙的訊息垂直下載。就如同透過通訊網路直接傳遞。

絲雨是台灣第一個命理經濟藝人，在電視節目「命運好好玩」中有亮眼展現，絲雨感恩這個過程，但這並不是她要的方向。

絲雨希望透過直接的面對，給予心靈受創者最完美的協助。

透過心理諮商、祈福包裹、火供、燒化、能量光球、創傷療癒卡達成全方位藝術療癒之效果，並使有緣者願望實現，這是全然積極的療癒與圓夢。

大多數的人會覺得這是玄妙的法術，其實這是大自然最美的藝術，不透過現代醫學的藥物，不透過現場氣氛的情境激勵，不透過空想的目標喊話，只運用最原始的靈性分析與宇宙能量轉換的祝福。

絲雨的事業使命就是透過幸運女神的品牌效應，廣納桃李、傳遞幸福！

因為人間要充滿幸運、要充滿柔性、要充滿愛的能量！

當您打開宇宙的能量協助機制，創傷並非永遠抹不去的陰影，幸運更是不必苦苦的等待，不再低吟淒美的再別康橋！

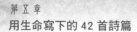
故曰：

創傷記憶全刪除，生命安住幸運屋；
祈福包裹火中燒，瀲漾絲雨綻明路。

大商的味道

作　　者／許宏、黃心慧

統籌編輯／莊陽生物科技集團 http://www.hybt.com.tw
　　　　　法拉儷國際有限公司 http://www.mireya.com.tw
　　　　　新北市中和區中山路二段 389 號 6 樓
　　　　　電話：(02)2223-8918　傳真：(02)2223-9339
英文編輯／天下英文
　　　　　台北市大安區敦化南路一段 205 號 16 樓 1606 室
　　　　　電話：(02)7713-9858
封面設計／賴盈佐（佐為建築師事務所／佐為國際有限公司）
中文校稿／簡菱瑤、林儷、劉秀霞、黃洛妤
英文校稿／ Ronald Y Chen, Ian Jason Cairns, 高瑾彤、白紫瑜
美術編輯／申朗創意・朱禹瑄

總 編 輯／賈俊國
副總編輯／蘇士尹
行銷企畫／張莉滎・廖可筠

發 行 人／何飛鵬
出　　版／布克文化出版事業部
　　　　　台北市中山區民生東路二段 141 號 8 樓
　　　　　電話：(02)2500-7008　傳真：(02)2502-7676
　　　　　Email：sbooker.service@cite.com.tw
發　　行／英屬蓋曼群島商家庭傳媒股份有限公司城邦分公司
　　　　　台北市中山區民生東路二段 141 號 2 樓
　　　　　書虫客服服務專線：(02)2500-7718；2500-7719
　　　　　24 小時傳真專線：(02)2500-1990；2500-1991
　　　　　劃撥帳號：19863813；戶名：書虫股份有限公司
　　　　　讀者服務信箱：service@readingclub.com.tw
香港發行所／城邦（香港）出版集團有限公司
　　　　　香港灣仔駱克道 193 號東超商業中心 1 樓
　　　　　電話：+852-2508-6231　　傳真：+852-2578-9337
　　　　　Email：hkcite@biznetvigator.com
馬新發行所／城邦（馬新）出版集團 Cit　（M）Sdn. Bhd.
　　　　　41, Jalan Radin Anum, Bandar Baru Sri Petaling,
　　　　　57000 Kuala Lumpur, Malaysia
　　　　　電話：+603- 9057-8822　　傳真：+603- 9057-6622
　　　　　Email：cite@cite.com.my
印　　刷／卡樂彩色製版印刷有限公司
初　　版／2015 年（民 104）07 月
售　　價／360 元

城邦讀書花園　布克文化
www.cite.com.tw　www.sbooker.com.tw